조건부
프로세스
분석
PROCESS, R, Amos

김계수 지음

조건부 프로세스 분석
PROCESS, R, Amos

2019년 3월 5일 1판 1쇄 박음
2019년 3월 10일 1판 1쇄 펴냄

지은이 | 김계수
펴낸이 | 한기철

펴낸곳 | 한나래출판사
등록 | 1991. 2. 25. 제22-80호
주소 | 서울시 마포구 토정로 222, 한국출판콘텐츠센터 309호
전화 | 02) 738-5637 · 팩스 | 02) 363-5637 · e-mail | hannarae91@naver.com
www.hannarae.net

ⓒ 2019 김계수
ISBN 978-89-5566-224-5 93310

연구는 자신의 문제와 주변의 문제를 해결하는 과정이다. 문제해결 과정은 문제 정의에서 출발하여 자료를 수집하고 이를 분석하여 결론과 시사점을 도출하는 등의 단계로 이루어진다. 실제 데이터를 이용하여 정보화하는 연구나 컨설팅 업무를 수행할 때 크게 세 가지 핵심 역량(core competency)이 필요하다. 필자는 이를 일명 '매스(MAS)'라고 명명한다. MAS는 Modeling(모델링), Analysis(분석 역량), Strategic Mind(전략 마인드)의 영문 첫 글자를 따서 붙여진 이름이다. 첫 번째 역량인 '모델링'은 문제를 개념화하여 수학식이나 개념모델로 시각화해 나타낼 수 있는 능력을 말한다. 두 번째 '분석 역량'은 데이터를 각종 통계분석방법을 이용하여 정보화할 수 있는 능력을 일컫는다. 그리고 세 번째 역량인 '전략 마인드'는 분석결과를 토대로 이해 당사자에게 가치창출의 원천인 차별적 전략을 제공할 수 있는 능력을 말한다. 이 세 가지 능력을 고르게 갖춘 인재가 앞으로 사회에서 각광을 받게 될 것이다.

오늘날 사회적, 정치적, 경제적, 문화적 환경이 복잡해지면서 연구 상황이나 통계분석방법도 다양해지고 있다. 인과분석은 이처럼 복잡한 상황을 연구자가 체계적으로 해결해보기 위해 도입한 방법으로, 주요 현상을 원인과 결과로 보고 주요 요인을 시간 순서로 배치해서 분석하는 것이다. 인과분석의 대표적인 방법으로는 구조방정식모델(structural equation model)이 있으며 이와 더불어 '조건부 프로세스 분석(conditional process analysis)'을 꼽을 수 있다. 조건부 프로세스 분석은 연구모델에서 매개변수(요인)와 조절변수(요인)가 동시에 조합된 경우를 통계분석하는 것이다. 매개변수(mediation variable)는 독립변수와 종속변수의 중간에 개입하여 두 변수 사이에서 유의한 역할을 하며, 조절변수(moderation variable)는 제2의 독립변수로 종속변수에 체계적으로 영향을 미친다. 이러한 조건부 프로세스 분석은 경영학, 심리학, 간호학, 행정학, 교육학 등 다양한 학문 분야에서 폭넓게 활용될 수 있는 분석방법으로 그 쓰임이 점차 확대되고 있다.

본서의 집필 목적은 독자들이 조건부 프로세스 분석을 쉽게 체계적으로 이해하도록 하는 데 있다. 조건부 프로세스 분석을 수행하기 위한 프로그램으로는 PROCESS, R, Amos 세 가지 프로그램을 순차적으로 이용하였다. 연구자들은 자신의 적성에 맞는 프로그램을 이용하여 연구와 분석에 큰 도움을 받을 수 있을 것이다. 아무쪼록 이 책이 연구 여정에 나서는 독자들에게 유용하게 활용될 수 있기를 바란다. 독자들이 주도적으로 문제를 해결하고 가치를 창출하는 데 이 책이 도움이 되길 소망한다.

책이 나오기까지 많은 분들의 도움이 있었다. 미국 오하이오주립대학교 심리학과의 앤드류 헤이즈(Andrew F. Hayes) 교수님의 논문과 저서, 그리고 이메일 피드백은 큰 힘이 되었다. 감사할 따름이다. 또한 출판을 후원해주신 한나래아카데미 한기철 대표님, 조광재 상무님, 편집부 임직원께도 감사의 마음을 전한다.

2019년 3월
김계수

2부 조건부 프로세스 분석력 향상

6장 조건부 프로세스 분석의 기본

7장 복잡한 조건부 프로세스 분석

8장 인과모델과 조건부 프로세스 모델링

3부 조건부 프로세스 분석 요약 및 Q&A

9장 올바른 매개효과, 조절효과, 조건부 프로세스 분석

10장 Q&A를 통한 조건부 프로세스 분석 이해

1부

조건부 프로세스 분석 기초 다지기

미래 경쟁력은 모델링(Modeling) 역량, 분석(Analysis) 역량,
전략 마인드(Strategic Mind)에 있다.

Competency = Modeling × Analysis × Strategic Mind

1장

연구모델과
연구가설

학습목표

1. 과학적인 연구 절차에 대하여 알아본다.
2. 매개분석, 조절분석, 조건부 프로세스 분석의 개념을 이해한다.
3. 연구모델에 대한 개념을 이해한다.
4. 연구가설에 대한 내용과 종류를 알아본다.

1 과학적 연구절차

1-1 연구와 과학적 연구절차

연구(research)는 현상(자연현상, 사회현상)에 대해 사전적으로나 사후적으로 대비책을 마련하는 것으로, 복잡한 현상에 이론을 적용하는 과정에서 시작된다. 이를 위해서는 현상에 대한 개념화(conceptualization)가 중요하다. 개념(concept)은 연구를 원활하게 수행하기 위해서 만들어진 내용이다. 연구자들은 개념을 요인(factor)과 혼용해서 사용하는데, 연구를 순조롭게 진행하기 위해서는 개념에 대하여 명확하게 정의를 내려야 한다.

정의는 명목적 정의(nominal definition)와 조작적 정의(operational definition)로 나뉜다. 연구자는 명목적인 정의로 자신이 연구하고자 하는 범위와 연구 용어를 규정한다. 연구자는 주도적인 자세로 연구 내용과 관련한 내용에 대하여 정의를 내려야 한다. 조작적 정의는 개념에 대해서 가시적이고 명시적으로 측정할 수 있도록 나타낸 것을 말한다. 조작적 정의는 연구 대상자들이 보편적으로 받아들일 수 있는 것이어야 하고, 속성에 대한 정확한 판단 기준이어야 한다. 또한 조작적 정의는 측정 절차를 가지고 있어야 한다. 만약 연구자가 '서비스에 대한 고객충성도'와 관련해서 측정할 경우, 조작적인 정의로는 서비스에 대한 추천 의도, 서비스에 대한 재사용 의도, 서비스에 대한 사랑과 존경 정도 등이 적합할 것이다. 연구자는 현상을 주의 깊게 관찰하고 세밀하게 탐구하다 보면 탁월한 연구 성과를 낼 수 있다.

연구자는 현상을 제대로 이해한 후 이론과 경험을 동원하여 개념화하고 이를 측정할 수 있도록 연구모델로 나타낼 수 있어야 한다. 연구모델은 연구의 방향을 결정하는 기본 틀이다. 이어 연구모델에 맞는 연구가설을 설정하고 알맞은 자료수집에 나서야 한다. 또한 자료를 제대로 정리한 후 적합한 분석방법으로 제대로 분석을 실행해야 한다. 분석결과에 기반한 결론과 시사점 제공도 연구에서 필요한 과정이다.

지금까지 설명한 과학적 연구절차를 그림으로 나타내면 다음과 같다.

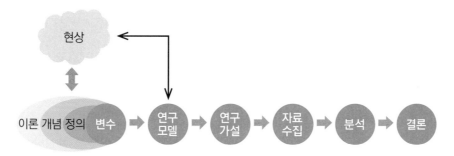

[그림 1-1] 과학적 연구절차

1-2 변수

연구자는 연구주제에 대하여 측정하고자 하는 대표 속성을 정한다. 이 '측정하고자 하는 대표 속성'을 변수(variable)라고 한다. 또한 변수는 연구자가 특별하게 관심을 가지는 속성을 말하기도 한다. 변수는 측정값을 가지며 단위를 갖는다. 변수는 연구자가 관심을 갖는 개체에 따라 변하는 성질이 있다. 연구방법론에서는 변수를 일반적으로 사각형(□)으로 나타낸다. 변수가 2개 이상으로 구성될 경우 공통 특성을 명명한 경우는 요인(factor, latent variable)이라고 부른다. 즉 변수들의 축약된 형태의 정보가 요인이다. 요인은 원(○)으로 표기한다.

1) 독립변수와 종속변수

연구자들은 요인과 요인 간 또는 변수와 변수 간의 연결에 관심을 가진다. 그래서 변수 간에 관계를 설정한 다음 실증분석을 통해 결론을 도출하기를 희망한다. 변수는 시간적인 우선순위에 의해서 배열을 달리할 수 있다. 시간상으로 다른 변수에 영향을 주는 변수를 '독립변수(independent variable)'라 하고, 다른 변수에 영향을 받는 변수를 '종속변수(dependent variable)'라고 한다. 만약 연구자가 '긍정적인 생각은 긍정적인 말에 유의한 영향을 미칠 것이다'라는 잠정적인 진술을 만들었다고 하면, 이는 다음과 같이 독립변수와 종속변수로 나타낼 수 있다.

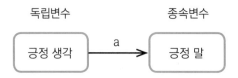

[그림 1-2] 독립변수와 종속변수

위 그림에서 독립변수와 종속변수 사이는 화살표로 연결되어 있음을 확인할 수 있다. 독립변수에서 출발하는 화살표가 종속변수에 뾰족한 화살촉(->)으로 연결되어 있는데, 이를 통해 두 변수 간에 직접효과(direct effect)가 있음을 알 수 있다. 여기서 직접효과 크기는 'a'이다.

2) 매개변수

매개변수(mediation variable)는 앞에서 설명한 독립변수와 종속변수 간의 관계를 설명하는 데 투입되는 변수로, 변수 관계에서 어떻게(how)와 관련된다. 매개변수는 시간적으로 독립변수와 종속변수 사이에 위치하게 되며 두 변수 사이에서 일종의 촉매작용을 한다. 따라서 매개변수는 독립변수와의 관계 규명에서 출발한다. 매개변수 삽입 여부는 독립변수와 어떤 역할을 하느냐에 달려 있다. 명징한 이론적 배경이 없는 매개변수 삽입은 연구방법에 허점이 있다는 지적을 불러올 수 있다.

예를 들어, 연구자가 '독립변수인 기능과 디자인 그리고 종속변수인 신제품 성과 사이에 고객만족이 중간에 개입된다'라는 잠정적인 진술을 만들었다고 하자. 이를 다음과 같은 그림으로 나타낼 수 있다.

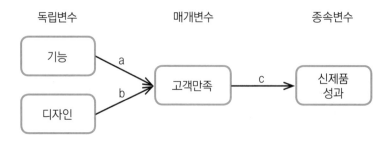

[그림 1-3] 매개변수

위 매개변수를 나타낸 그림에서 간접효과(indirect effect)는 $a \times c$, $b \times c$이다. 매개분석

(mediation analysis)은 잠정적인 원인변수 x변수와 결과변수 y 사이에서 1개 또는 2개 이상의 매개변수를 투입해 영향 정도를 통계적으로 파악하는 방법이다.

문제 1 사회적으로 폭력 영상물에 노출된 청소년에 대한 문제가 심각하다. 이와 관련하여 '폭력적 비디오게임 영상 노출은 두뇌에 공격성을 높이고 외부 폭력성을 높인다'라는 가설을 만들 수 있다. 이를 배경으로 매개변수 관련 그림을 만들어보자.

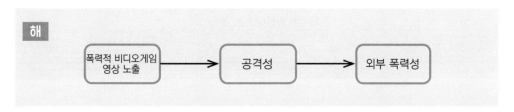

3) 조절변수

연구자는 실제 연구에서 독립변수와 종속변수 사이의 관계를 상황별로 변화시키는 변수를 삽입할 수 있다. 이를 조절변수(moderation variable)라고 부른다. 조절변수는 제1의 독립변수와 종속변수 간에 관계를 체계적으로 변화시키는 제2의 독립변수에 해당하는 변수이다. 매개분석이 '어떻게(how)'에 해당하는 것을 분석하는 것에 주안점을 두는 반면, 조절분석(moderation analysis)은 '언제(when)'에 관한 답을 찾는 데 주안점을 둔다. 조절분석은 종속변수(y)에 대한 독립변수(x) 사이에서 제2의 조절변수(들)를 투입하였을 경우, 독립변수와 조절변수(들) 사이에서 상호작용의 영향 크기와 부호가 어떻게 되는지를 파악하는 방법이다.

예를 들어, 어느 대학의 학습 성과가 학생의 태도에 의해서 영향을 받는다고 할 때 동기부여 정도를 조절변수로 추가할 수 있다. 이 경우를 그림으로 나타내면 다음과 같다.

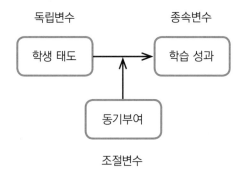

[그림 1-4] 조절변수

문제 2 '폭력적 비디오게임 영상 노출은 외부 공격성을 높이는데 이는 성별, 나이, 인격요인, 게이머의 성향(공격성, 협력성)에 따라 달라질 수 있다'고 하자. 이와 관련한 그림을 그려보자.

해

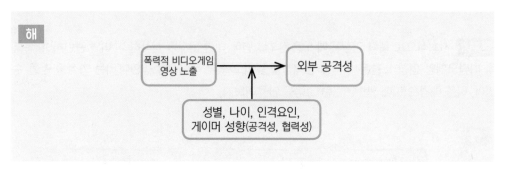

4) 조건부 프로세스 분석

우리가 처한 사회적·정치적·문화적 환경과 경제 상황은 하루가 다르게 복잡해지고 있다. 이러한 상황에서 단순히 (앞에서 언급한) 매개변수나 조절변수만 가지고 심리적이고 감정적인 내용을 설명하기란 불완전하다. 연구자들은 매개변수와 조절변수를 동시에 투입해서 보다 정교하게 사회현상을 설명하는 것에 관심을 두기 시작하였다. 조건부 프로세스 분석(conditional process analysis)은 조절변수와 매개변수가 연구모델 속에 동시에 포함된 내용을 분석하는 방법이다. 즉, 독립변수 x에 의한 종속변수 y로의 영향관계가 조건화된 1개 또는 2개 이상의 변수에 의해서 조절되는 모델을 말한다. 조건부 프로세스 분석은 조절된 매개(moderated mediation)와 매개된 조절(mediated moderation)로 나뉜다. 이에 대한 내용은 관련 장에서 자세하게 설명하기로 한다. 이러한 조건부 프로세스 분석은 오늘날 경영학, 의학, 사회과학, 행동과학, 의료과학, 심리학 등 다양한 학문 분야에서 광범위하게 다뤄지고 있다.

조건부 프로세스 분석을 활용하면 심리적이고 감정적인 내용을 입력과 산출로 정확히 수학적으로 표현할 수 있다. 인간의 심리적이고 행태적인 측면을 나타내는 입력과 산출물의 메커니즘은 수학적 패턴이나 그림으로 나타낼 수 있다.

문제 3 폭력적 비디오게임 영상 노출은 청소년의 공격성을 자극하고 공격성은 외부 폭력성을 유발하는 과정에서 성별, 나이, 인격요인, 게이머의 성향(공격성, 협력성)에 따라 공격성과 외부 폭력성이 달라질 수 있다고 하자. 이와 관련하여 조건부 프로세스 분석을 수행하기 위한 그림을 만들어보자.

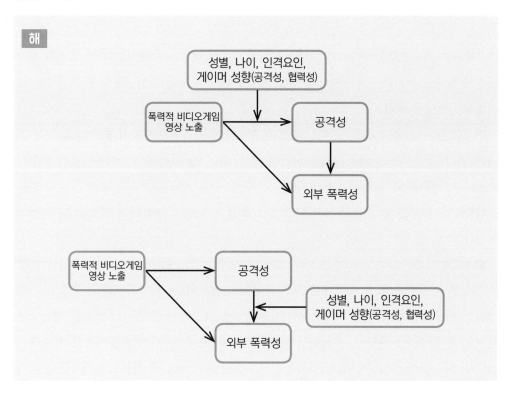

조건부 프로세스 분석

• 조절변수와 매개변수가 연구모델 속에 동시에 포함된 내용을 분석하는 방법

2 연구모델

2-1 연구모델

연구자들은 연구모델을 만들고 가설을 세운다. 이어서 실험을 수행하는데 이때 정량 데이터를 수집하고 분석하는 연구방법을 주로 채택한다. 연구모델은 연구방향을 결정하는 데 결정적인 역할을 한다.

연구모델(research model)은 '현실 세계의 축약이며 연구자의 생각이 농축된 심적 표상'이다. 심적 표상(mental representation)이란 사물, 관념, 정보 이외에 구체적이면서 추상적으로 뇌가 생각하고 있는 대상물에 대한 심적 구조이다. 연구자가 심적 표상을 깊이 있게 표현할수록 연구를 온전히 자신의 것으로 소화할 가능성이 높아지며 연구는 더욱 세밀해진다.

연구모델은 연구자가 추구하는 개념 틀이다. 연구모델은 연구의 진행방향을 안내하고 변수와 변수, 요인과 변수, 요인과 요인 간의 관계를 설정하는 데 이용된다. 연구방향을 결정하는 연구모델 수립 시에 시스템적인 접근방법을 고민해야 한다. 시스템적인 접근방법은 현상을 투입 → 운영 → 산출 등의 프로세스로 체계적이면서 종합적으로 고려하는 것이다. 시스템적인 접근방법에 의해서 연구모델을 그림으로 제시하면 연구자뿐만 아니라 독자도 쉽게 연구자가 추구하는 연구방향을 파악할 수 있다.

모든 일에 동일하게 적용될 수 있는 모델(one-size-fits-all model)은 존재할 수 없다. 지구상에는 70억여 명이 살고 있고 사회적·정치적·경제적 환경이 급격히 변화하고 있기 때문이다. 그럼에도 불구하고 지속적으로 현상을 모델화하려는 노력은 계속되어야 할 것이다.

그림으로 표현하는 연구모델은 시간적인 우선순위를 고려하여 변수와 변수, 요인과 변수를 배치할 수 있다. 연구자들이 주로 연구한 연구모델을 정리해놓은 유용한 자료가 있어 소개한다. 미국 오하이오주립대학교 심리학과의 앤드류 헤이즈(Andrew F. Hayes) 교수는 지금까지 수행된 다양한 연구 결과를 92개의 연구모델로 정리해놓았다. 연구자들은 이 사이트를 방문해 자료를 다운로드할 수 있고 연구모델과 관련하여 유용한 정보를 얻을 수 있다.

앤드류 헤이즈 교수는 연구모델을 시각적인 연구모델(conceptual diagram)과 통계모델 (statistical diagram)로 구분해 나타내고 있다. 다음 그림은 '모델 4'에 해당하는 개념 도형 이다.

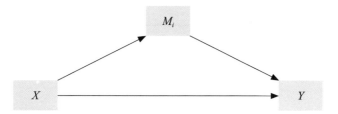

[그림 1-5] 연구모델 4
[자료] http://www.personal.psu.edu/jxb14/M554/specreg/templates.pdf

덧붙이면, 연구는 연구자 자신이 하는 것이지 절대 타인이 하는 것이 아니다. 연구모델 설정 시에 저명한 외국 저자와 선배 연구자들의 연구를 참조하고 언급해도 좋다. 하지만 그들의 연구 결과와 주장에 전적으로 매몰될 필요는 없다. 우리는 창의성, 연결, 공유의 시대라 할 수 있는 4차 산업혁명 시대를 살고 있다. 이러한 역동적인 시대에 연구자는 외국 저자나 선배의 연구방향을 따르는 것이 아니라 자기 주도적으로 연구를 수행해야 한다. 그동안 쌓은 경험과 이론적 배경을 농축해서 자신만의 연구모델을 만들어내야 한다. 만약 지금까지 이렇게 하지 못했다면 앞으로는 주도적으로 연구모델을 만들겠다는 각오로 새로고침을 하기 바란다.

2-2 통계모델

연구자가 구상한 심적 표상인 연구모델은 실제 분석과정에서는 통계 계산과정을 거치게 된다. 시각적인 연구모델은 통계모델로 변형할 수 있다. 연구자 입장에서 모든 통계 계산과정을 속속들이 알 필요는 없지만 전체 흐름을 파악하면 연구에 큰 도움을 얻을 수 있다.

앞에서 이야기했듯이 헤이즈 교수는 연구모델을 시각적인 연구모델과 통계모델로 구분해 나타냈다. 다음은 앞의 [그림 1-5] 연구모델 4에 해당하는 통계모델이다.

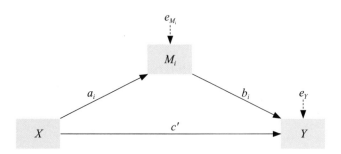

[그림 1-6] 통계모델

여기서 M변수를 통한 Y변수에 대한 X변수의 간접효과(indirect effect of X on Y through M_i)는 a_ib_i임을 알 수 있다. Y에 대한 X의 직접효과(direct effect of X on Y)는 c'임을 나타낸다.

연구방법론이 점차 고도화되면서 연구자들 사이에서 간접효과와 직접효과 검정에 관심이 높아지고 있다. 간접효과, 직접효과의 크기와 통계적 유의성에 관한 내용은 5장 경로분석 부분에서 자세히 다루겠다.

3 연구가설

3-1 가설

가설(hypothesis)은 잠정적인 진술(temporary statement)로, 실증적으로 검정되어야 할 명제(proposition)이다. 일반적으로 가설은 연구모델과 마찬가지로 연구방향을 결정한다. 따라서 연구모델과 연구가설은 같은 현상을 설명하는 기준이라고 할 수 있다. 우수한 가설을 설정하면 연구가 좀 더 명확해질 수 있다.

연구자는 우수한 가설을 개발하기 위해서 꾸준하고 치열하게 노력해야 한다. 좋은 가설이란 연구목적에 적합해야 하고, 검정 가능해야 하며, 현상을 설명하는 데 기존 가설보다 우수해야 한다. 다음 그림은 우수 연구가설의 조건을 보여준다.

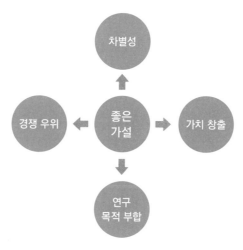

[그림 1-7] 우수 연구가설의 조건

3-2 귀무가설과 연구가설

가설에는 귀무가설(null hypothesis)과 연구가설(research hypothesis 또는 alternative hypothesis) 두 가지가 있다. 귀무가설은 H_0로 나타내며, 통계적으로 나타난 차이는 단지 우연 법칙에서 나온 표본추출 오차로 생긴 정도라는 주장이다. 반면에 연구가설은 연구 목적을 위하여 설정한 진술로 H_1 또는 H_a로 표기한다. 연구가설은 표본의 차이가 우연 발생적인 것이 아니라, 두 표본이 대표하는 모집단의 평균치 사이가 명확하다는 것을 의미한다. 연구가설 채택은 귀무가설을 기각시키고 논리적으로 받아들이기 위한 행위이다. 따라서 귀무가설과 연구가설은 관심 있는 모수 값에 대하여 상호 배타적인 진술이다.

연구자는 가설검정을 통해서 귀무가설이나 연구가설의 채택 여부를 결정해야 한다. 이때 $\alpha=0.01$, 0.05, 0.1 등으로 정하는데 α를 유의수준(significant level)이라고 한다. 유의수준이란 제1종 오류의 최대치로, 우연적인 현상과 오차에 의해 모수와 통계량의 차이가 현저하여 통계치의 확률이 귀무가설을 기각할 수 있을 만큼 낮은 경우를 의미한다. 연구자는 이때 '유의하다(significant)'라는 용어를 사용한다. 유의수준이 설정되었을 때, 가설을 채택하거나 기각하는 판단기준이 있어야 한다. 이 값을 임계치(critical value)라고 한다. 임계치의 통계 확률은 p로 표기한다. $\alpha=0.05$ 수준에서 $p < 0.05$로 표기할 수 있는데, 이것은 확률수준이 0.05 이하로 귀무가설을 기각시킨다는 의미이다.

앞의 [그림 1-6]에서 나타낸 간접효과 ab 크기의 유의성을 알아보기 위한 가설검정의 설정 예를 들어보자. 간접효과 ab의 크기에 관한 유의성을 판단하는 귀무가설과 연구가설은 다음과 같이 나타낼 수 있다.

$$H_0 : ab=0 \qquad p > \alpha=0.05$$
$$H_1 : ab \neq 0 \qquad p < \alpha=0.05$$

간접효과 ab 크기의 통계적 유의성 여부는 $p > \alpha=0.05$일 때 통계적으로 유의하지 않기 때문에 귀무가설을 채택한다. 반면에 $p < \alpha=0.05$일 때는 ab 크기가 통계적으로 0이 아니기 때문에 귀무가설을 기각하고 연구가설을 채택하며 '간접효과는 유의하다'라고 해석하면 된다.

또 다른 통계적인 유의성 검정 방법인 부트스트래핑은 2장에서 보다 자세히 다루기로 한다.

주도적인 삶

요즈음 대학가는 논문 심사가 한창이다. 학생이 그간 준비한 연구논문을 심사하면서 그동안 이 학생이 어떻게 논문을 준비해왔고 어떤 삶의 지향점을 갖고 있는지 생각하게 된다. 연구논문 심사장에서는 논문 준비자가 어떤 준비과정을 통해서 오늘에 이르게 되었는지를 자연스레 알 수 있다. 모든 것이 그렇지만 논문 준비나 글쓰기는 주도적인 삶과 깊이 연계되어 있다. 연구도 연구자 자신이 주도적으로 준비하지 않으면 완결을 기대하기 어렵고 불량으로 이어질 수 있다. 불확실한 상황에서 주도적인 삶은 자신을 지켜주는 북극성이며 길라잡이다.

주도적인 삶은 비전에서 출발한다. 비전은 미래에 대한 꿈이며 한발 나아가기 위한 지향점이다. 비전을 세우는 방법으로 스티븐 코비(Stephen Covey) 박사는 《성공하는 사람들의 7가지 습관》에서 "내면의 소리를 듣고 다른 사람들도 찾도록 고무하라"라고 강조한다. 우리 인간은 내면 깊은 곳에서 자신만의 무엇인가에 집중하고 헌신하고 싶은 무엇인가를 찾기를 바란다. 주도적인 사람들은 참을성 있게 문제의 근원을 파악하고, 가슴 뛰는 비전을 만들며, 자신에게서 시작하여 주변인들에게로 영향력을 점차 확대해나간다. 논문 작성 과정도 마찬가지다. 자기 비전이 명확하지 않으면 글쓰기에 힘이 없고 무엇을 하려는 것인지 명확하게 나타내지 못한다.

배운 것을 실천하는 삶이 주도적인 삶이다. 알고도 실행하지 않으면 실제로 모르는 바와 같다. 이해하고도 적용하지 않으면 실제로는 이해한 것이 아니다. 지식과 이해를 자기 것으로 만드는 방법은 오직 실행과 적용뿐이다. "자기 인식은 사유가 아닌 행동에 의해서 이루어진다. 자신의 임무를 다하려고 노력하라. 그러면 곧 자신을 발견하게 될 것이다"라는 괴테(Johann Wolfgang von Goethe)의 말처럼 주도적인 삶의 필수요건은 실제로 해보는 것이다. 말로만 떠벌리고 실행하지 않으면 실력이 몸에 체화되지 않고 타인을 설득할 수 없다.

자신이 하는 일이 의미 있는 일이며 가치 있는 프로젝트라고 생각해야 한다. 세네카(Lucius Annaeus Seneca)는 "자신을 지배하는 자가 가장 강한 사람이다"라고 했다. 한 분야에서 명성을 얻는 사람들은 끈질긴 노력과 자신과의 싸움을 통해서 지적·신체적·감성적·영적 지능을 강화하는 특징이 있다. 지적 지능은 비전과 연결되고 신체적 지능은 규율 강화로 이어진다. 감성적 지능은 열정으로, 영적 지능은 양심으로 이어진다. 이런 지능들이 조화롭게 작동될 때 자신이 추구하는 일을 주도적으로, 순차적으로 진행할 수 있다.

연구는 잠재의식과 현실문제를 연결해주는 과정이다. 주변의 문제를 해결하겠다는 잠재의식이 내면에 깊이 자리 잡고 있을 때 문제가 보이기 시작하며 실천의지가 생긴다. 주도적으로 연구하고 전진하는 사람들은 자신이 하는 일이 의미 있는 일이라고 생각한다. 그들은 가슴 뛰는 비전을 만들고 주변인과 비전을 공유함으로써 자신은 물론 타인에게도 긍정적인 변화를 불러일으킨다.

주도적으로 준비하지 않은 연구물을 보면 전체가 허점투성이이며 내공이 없음을 금방 알아차릴 수 있다. 연구는 자신이 하는 것이지 타인이 해주는 것이 아니다. 연구에 진전이 없는 것은 자신 탓이지 지도교수 탓이 아니다. 삶도 마찬가지다. 주도적으로 정진하는 삶이 아름답다.

– 김계수, 〈충청매일〉 (2018. 11. 9)

연습문제

1 연구모델과 연구가설을 설명하라.

2 매개변수, 조절변수, 조건부 프로세스 분석의 개념을 설명해보자.

3 자신이 관심을 갖고 있는 연구주제와 연구모델을 동료들과 공유하고 토론해보자.

데이터 분석은 일이 아니라 자연스럽게 노는 일이다.

2장

부트스트래핑

1. 부트스트랩의 정의와 절차를 이해한다.
2. 부트스트래핑 방법을 이해한다.
3. 예제를 통해서 부트스트래핑을 실시하고 결과를 해석할 수 있다.

1 부트스트랩 정의

연구자는 실제 조사 결과를 바탕으로 가상의 샘플링을 수행하고, 그렇게 해서 얻은 수행 결과를 기반으로 결과의 정확성을 평가하거나 분포를 추정하기 원할 때가 있다. 이때 연구자는 부트스트랩 방법을 이용한다. 부트스트랩(bootstrap)은 점 추정치의 오차 계산, 신뢰구간(중앙값 기준, 평균 기준) 추정, 가설검정 등을 할 수 있는 통계적 추론 방법이다.

　부트스트랩 방법은 가설을 검정(test)하거나 메트릭(metric)을 계산하기 전에 중복을 허용하는 랜덤 샘플링(random sampling)을 적용한다. 예를 들면, 어떤 집단에서 값을 측정했을 때 그중에서 임의로 100개를 뽑아서 평균(sample mean)을 구하는 것이 부트스트랩이다.

2 부트스트랩의 절차

부트스트랩은 모집단(population)에서 표본을 추출하고 주어진 데이터로부터 복원 표본을 구하는 작업을 여러 번 반복하여 원하는 값을 추정하는 방법이다. 부트스트랩의 기본 절차는 다음과 같다. 먼저 데이터의 일부인 훈련 데이터를 추출한다. 이어서 추출한 표본을 다시 복원하고 n개의 표본을 추출한 다음, 그에 대한 평균을 구해 부트스트랩 추정치(bootstrap estimate)를 계산한다.

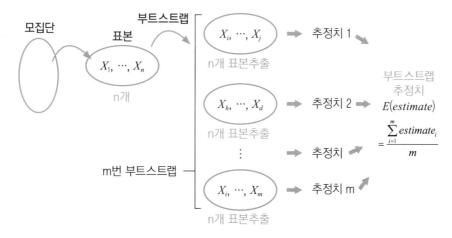

[그림 2-1] 부트스트랩

[그림 2–1]은 부트스트래핑(bootstrapping)이 $x_1, \cdots, x_n$에서 크기 n의 부표본(subsample) $x_1^*, \cdots, x_n^*$을 재추출하는 실행 절차를 반복하는 것임을 보여준다. 부트스트래핑 과정을 다시 표로 나타내면 다음과 같다.

[표 2–1] 부트스트래핑 과정

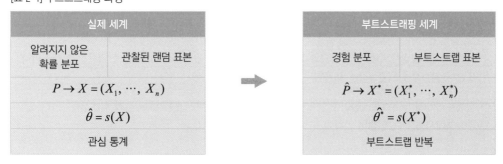

실제 세계		부트스트래핑 세계	
알려지지 않은 확률 분포	관찰된 랜덤 표본	경험 분포	부트스트랩 표본
$P \rightarrow X = (X_1, \cdots, X_n)$		$\hat{P} \rightarrow X^* = (X_1^*, \cdots, X_n^*)$	
$\hat{\theta} = s(X)$		$\hat{\theta}^* = s(X^*)$	
관심 통계		부트스트랩 반복	

분석자는 부트스트랩 반복 과정을 거쳐 $\hat{\theta}^* = s(X^*)$를 구하고 이어 실제 세계의 관심 통계인 $\hat{\theta} = s(X)$를 계산한다. 이를 이용하여 θ를 추론한다. 여기서 $\hat{\theta}^*s$로부터 $\hat{\theta}$를 추론하게 되는데 이것이 부트스트랩 방법이다. 이 과정은 그리 쉽지 않은 과정이다. 왜냐하면 실제 세계의 확률분포가 알려져 있지 않기 때문이다.

부트스트래핑은 비모수적인 추론(nonparametric inference)을 제공한다. 비모수의 특징은 모집단 분포 가정에 의존하지 않는다는 것이다. 부트스트랩 방법은 추정치의 편향

(bias)과 표준오차(standard error)를 산출하며 관심 모수(parameter)에 대한 신뢰구간을 제공한다. 이 방법은 또한 가설검정을 위한 p값을 제공한다. 연구자는 조건부 프로세스 분석 과정에서 부트스트래핑 실행을 통해 관심 통계량의 유의성 검정을 실시할 수 있다.

만약 간접효과 ab의 크기에 관한 유의성을 판단하는 귀무가설과 연구가설을 설정한다면, 다음과 같이 나타낼 수 있다.

$$H_0 : ab = 0$$
$$H_1 : ab \neq 0$$

부트스트래핑 결과 새롭게 계산되는 신뢰구간 안에 '0'을 포함하고 있으면 귀무가설을 채택하고, 그렇지 않으면 귀무가설을 기각한다고 의사결정을 하면 된다.

통계분석에서 부트스트래핑이 만능이 될 수는 없다. 이 방법은 모집단의 최소값과 최대값을 추정해내지 못하는 단점이 있다.

부트스트래핑 특징

- 부트스트래핑은 비모수적인 추론을 제공한다. 비모수의 특징은 모집단 분포의 가정에 의존하지 않는다는 것이다.

- 부트스트랩 방법은 추정치의 편향과 표준오차를 산출하며 관심 모수에 대한 신뢰구간을 제공한다. 또한 가설검정을 위한 p값을 제공한다.

- 통계분석에서 부트스트래핑이 만능이 될 순 없다. 이 방법은 모집단의 최소값과 최대값을 추정해내지 못하는 단점이 있다.

2-1 $\hat{\theta}$의 편향과 표준오차 계산

부트스트랩 방법에 의해서 $\hat{\theta}$의 편향과 표준오차를 계산하기 위한 식은 다음과 같다. 먼저, $\hat{\theta}$의 편향 추정치 계산식은 아래와 같다.

$$bias.boot(\hat{\theta}) = \frac{1}{B}\sum_{b=1}^{B}\hat{\theta}*_b - \hat{\theta} = (\overline{\theta^*} - \hat{\theta})$$

(식 2-1)

이어서 $\hat{\theta}$의 표준오차 부트스트랩 추정치 계산식은 다음과 같다.

$$se.boot(\hat{\theta}) = \sqrt{\frac{1}{B-1}\sum_{b=1}^{B}(\hat{\theta^*} - \overline{\theta^*})^2}$$

(식 2-2)

여기서 $\overline{\theta^*} = \frac{1}{B}\sum_{b=1}^{B}\hat{\theta_b^*}$ 이다.

2-2 부트스트랩 신뢰구간 계산

1) Efron 백분위수 방법

에프론(Efron, 1979)의 백분위수 방법은 $\hat{\theta}$의 분포는 $\hat{\theta_1^*}, \cdots, \hat{\theta_b^*}, \cdots, \hat{\theta_B^*}$에 의해 잘 나타날 것이라는 가정에서 출발한다. Efron 백분위수 계산 절차는 다음과 같다.

첫 번째, $\hat{\theta_1^*}, \cdots, \hat{\theta_b^*}, \cdots, \hat{\theta_B^*}$를 오름차순으로 정렬한다.
두 번째, 하위 $\alpha/2$분위수 $L_{\alpha/2}^*$와 상위 $U_{\alpha/2}^*$분위수를 계산한다.
세 번째, $1-\alpha$의 신뢰구간을 다음과 같은 식에 의해서 계산한다.

$$L_{\alpha/2}^* \leq \theta \leq U_{\alpha/2}^*$$

(식 2-3)

2) BCa 백분위수 방법

BCa(Bias Corrected accelerated) 신뢰구간은 부트스트랩 분포의 백분위수들을 사용한다. 여기서 백분위수들은 100_a번째와 100_{1-a}를 사용하지 않는다. BCa는 추정값의 끝점을 수정하는 방법이다.

상위 모수는 $\hat{a}$, 편향수정요인(bias-correction factor)은 $\hat{z_o}$이다. BCa 신뢰구간은 $[\hat{\theta}*_{(\alpha_1)}, \hat{\theta}*_{(\alpha2)}] = [\hat{\theta_L}, \hat{\theta_U}]$로 나타낼 수 있는데, 여기서 α_1과 α_2는 다음과 같다.

$$\alpha_1 = \Phi(\hat{Z}_0 + \frac{\hat{z_o} + z_{(\alpha)}}{1 - \hat{a}(\hat{z_o} + z_{(\alpha)})}) \qquad \text{(식 2-4)}$$

$$\alpha_2 = \Phi(\hat{Z}_0 + \frac{\hat{z_o} + z_{(1-\alpha)}}{1 - \hat{a}(\hat{z_o} + z_{(1-\alpha)})}) \qquad \text{(식 2-5)}$$

Φ는 표준정규분포의 누적분포함수(cumulative distribution function, cdf)로 어떤 확률분포에 대해서 확률 변수가 특정 값보다 작거나 같을 확률을 나타낸다. $Z_{(\alpha)}$는 표준정규분포의 백분위수 100_a번째를 나타낸다.

편향수정요인(bias-correction factor) $\hat{z_o}$은 다음과 같이 나타낼 수 있다. $\hat{z_o}$은 $\hat{\theta}^*_b$과 $\hat{\theta}$의 차이로 중앙값의 편향을 나타낸다.

$$\hat{z_o} = \Phi^{-1}(\#\{\hat{\theta}^*_b < \hat{\theta}\}) / B) \qquad \text{(식 2-6)}$$

여기서 Φ^{-1}는 표준정규분포의 역누적분포함수이다.

가속 계수(acceleration factor)인 $\hat{a}$는 다음과 같이 나타낼 수 있다.

$$\hat{a} = \frac{\sum_{i=1}^{n}(\hat{\theta} - \hat{\theta}_{(i)})^3}{6\left\{\sum_{i=1}^{n}(\hat{\theta} - \hat{\theta}_{(i)})^2\right\}^{3/2}} \qquad \text{(식 2-7)}$$

$\Phi(z)$는 $N(0, 1)$의 분포함수이고, $\alpha_1 = \Phi(z_{(\alpha)}) = \alpha$이며, $\alpha_2 = \Phi(z_{(1-\alpha)}) = 1 - \alpha$이다. θ계수에 대한 $1-\alpha$의 신뢰구간은 다음과 같다.

$$L^*_{\alpha_1} \leq \theta \leq L^*_{\alpha_2} \qquad \text{(식 2-8)}$$

BCa θ에 대한 신뢰구간은 $z_0 = \alpha = 0$인 경우 Efron의 백분위수 방법과 일치한다.

본서에서 집중적으로 다룰 구조방정식모델 분석에서 부트스트래핑이 적용되는 경우는 자료가 정규분포를 따르지 않는 경우, 추정된 계수에 대해 정규분포를 가정할 수 없는 경우 등이 주로 해당된다. 부트스트래핑을 이용한 가설검정은 백분위수 t통계량을 이용한다.

연구자는 귀무가설(H_0)과 연구가설(H_1)을 다음과 같이 설정할 수 있다.

$$H_0 : \theta = \theta_0$$
$$H_1 : \theta > \theta_0$$

이때 t통계량은 다음과 같이 계산한다.

$$t_0 = (\hat{\theta} - \theta_0) / se.boot(\hat{\theta}) \qquad \text{(식 2-9)}$$

또한 t통계량의 확률값은 다음과 같이 산출한다.

$$p = \frac{1}{B+1} \sum_{b=1}^{B} I(t_b^* \geq t_0) \qquad \text{(식 2-10)}$$

여기서 $t_b = (\hat{\theta_b^*} - \theta_0) / se.boot(\hat{\theta^*})$, b=1, $\cdots$, B.이다.

예를 들어, 정규분포 관련 가설검정은 다음과 같다.

H_0 : 자료는 정규분포를 보일 것이다.　　　 t < |±1.9| 또는 p > α = 0.05
H_1 : 자료는 정규분포를 보이지 않을 것이다.　t > |±1.9| 또는 p < α = 0.05

3 예제

3-1 SPSS

어느 대학교 학생들의 키를 알아보기 위해서 8명을 표본조사하였다. BCa 방식의 5,000회 반복을 통한 부트스트래핑 방법에 의해서 평균과 중앙값을 추정하고 신뢰구간을 구해보자.

168, 169, 169, 170, 171, 172, 173, 174

    SPSS에서는 부트스트래핑 방법에 대한 독립적인 모듈이 설정되어 있는 것이 아니라 각종 통계분석 방식 중 옵션단추에 부트스트래핑을 할 수 있는 방식이 추가되어 있다. SPSS 프로그램에서 분석에 앞서 다음과 같이 데이터를 입력한다.

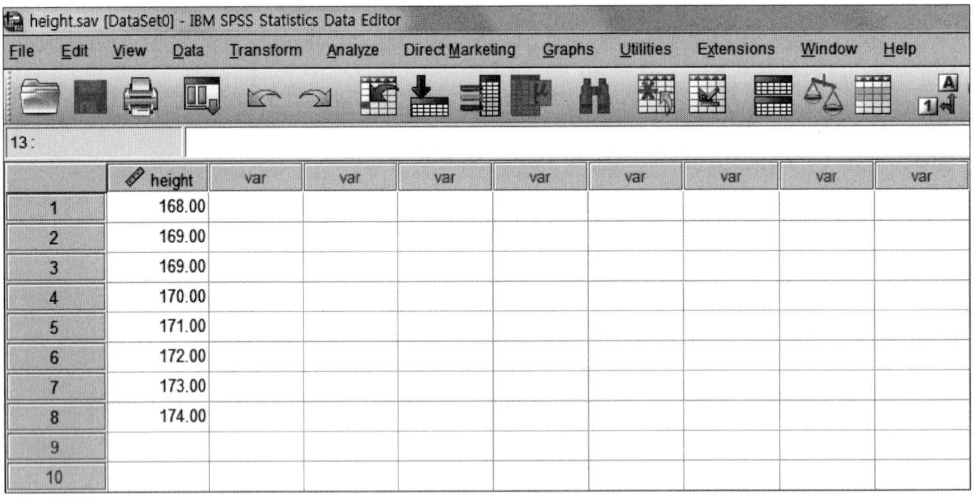

[그림 2-2] 데이터 입력창 (데이터 height.sav)

    평균과 중앙값을 추론(inference)하기 위해서 다음 순서에 따라 초기 지정(Default) 상태에서 실행해보기로 한다. 이를 위해서는 Analyze → Descriptive Statistics →

Explore... 순서로 진행하면 된다.

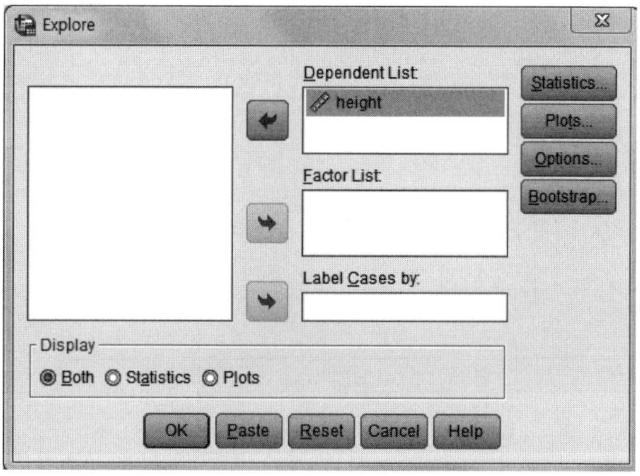

[그림 2-3] 변수 지정창

　종속변수 리스트(Dependent List)에 'height' 변수를 보낸다. 이후 [OK] 단추를 눌러 실행한다. 그러면 다음과 같은 결과를 얻을 수 있다.

Descriptives

			Statistic	Std. Error
height	Mean		170.7500	.75000
	95% Confidence Interval for Mean	Lower Bound	168.9765	
		Upper Bound	172.5235	
	5% Trimmed Mean		170.7222	
	Median		170.5000	
	Variance		4.500	
	Std. Deviation		2.12132	
	Minimum		168.00	
	Maximum		174.00	
	Range		6.00	
	Interquartile Range		3.75	
	Skewness		.314	.752
	Kurtosis		-1.244	1.481

[그림 2-4] 기술 통계량

결과 해석 평균과 중앙값이 각각 170.75, 170.50으로 제시되어 있다. 평균에 대한 신뢰구간(95% Confidence Interval for Mean)이 [168.9765 172.5235]로 제시되어 있다. 참고로 중앙값에 대한 하한값과 상한값이 제시되어 있지 않음을 확인할 수 있다.

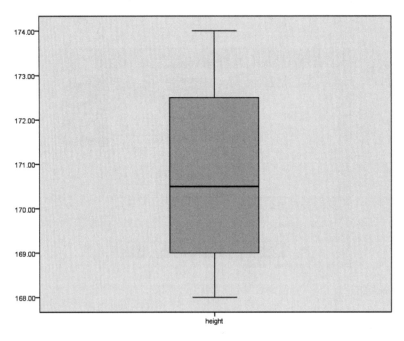

[그림 2-5] Box Plot

결과 해석 분석결과 키(height)의 상한값과 하한값이 나타나 있다. 상한값과 하한값 중간에는 굵은 실선으로 표시된 부분이 있는데, 이는 중앙값 170.50임을 알 수 있다.

이어 같은 상황에서 Bootstrap... 단추를 누른다.

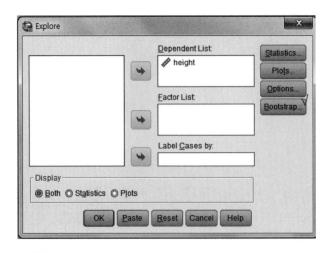

[그림 2-6] 부트스트랩 지정창

그러면 부트스트랩 화면을 얻을 수 있다. 샘플수를 '5,000'으로 변경한다. 이후 [OK] 단추를 눌러 실행하면 다음과 같은 결과를 얻을 수 있다.

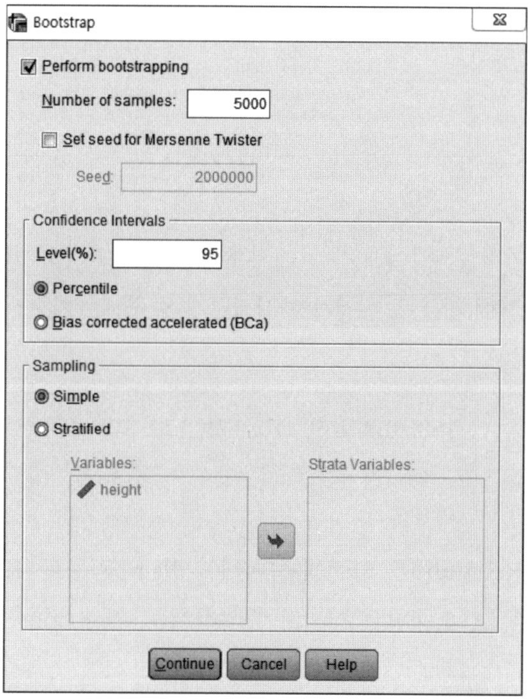

[그림 2-7] 부트스트랩 지정창

Descriptives

			Statistic	Std. Error	Bootstrap[a] Bias	Std. Error	95% Confidence Interval Lower	Upper
height	Mean		170.7500	.75000	.0120	.7049	169.3750	172.1250
	95% Confidence Interval for Mean	Lower Bound	168.9765					
		Upper Bound	172.5235					
	5% Trimmed Mean		170.7222		.0193	.7469	169.3056	172.1944
	Median		170.5000		.0927	1.1103	169.0000	173.0000
	Variance		4.500		-.568	1.427	1.143	6.786
	Std. Deviation		2.12132		-.17520	.37997	1.06904	2.60494
	Minimum		168.00					
	Maximum		174.00					
	Range		6.00					
	Interquartile Range		3.75		-.31	1.05	1.00	5.50
	Skewness		.314	.752	-.059	.678	-1.042	1.620
	Kurtosis		-1.244	1.481	.507	1.401	-2.279	3.404

a. Unless otherwise noted, bootstrap results are based on 5000 bootstrap samples

[그림 2-8] 기술 통계량

결과 해석 5,000회 부트스트래핑 실행 결과, 평균(Mean)의 하한값은 169.3750, 상한값은 172.1250임을 알 수 있다. 중앙값(Median)의 하한값은 169, 상한값은 173임을 알 수 있다.

3-2 R

어느 대학교 학생들의 키를 알아보기 위해서 8명을 표본조사하였다. BCa 방식에 의해 5,000회 반복을 실시하여 평균을 추정하고 신뢰구간을 구해보자.

168, 169, 169, 170, 171, 172, 173, 174

풀이 분석자는 R과 Rstudio를 사전에 설치해야 한다. 그런 다음 Rstudio에서 아래와 같이 입력을 한다. 부트스트래핑을 실시하기 위해서는 우선 boot 프로그램을 설치해야 한다.

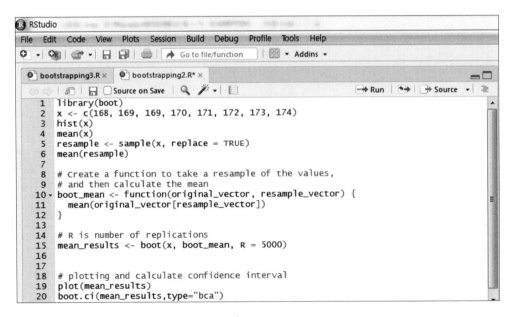

```
1  library(boot)
2  x <- c(168, 169, 169, 170, 171, 172, 173, 174)
3  hist(x)
4  mean(x)
5  resample <- sample(x, replace = TRUE)
6  mean(resample)
7
8  # Create a function to take a resample of the values,
9  # and then calculate the mean
10  boot_mean <- function(original_vector, resample_vector) {
11    mean(original_vector[resample_vector])
12  }
13
14  # R is number of replications
15  mean_results <- boot(x, boot_mean, R = 5000)
16
17
18  # plotting and calculate confidence interval
19  plot(mean_results)
20  boot.ci(mean_results,type="bca")
```

[그림 2-9] RStudio 입력창 (데이터 bootstrapping2.R)

모든 범위를 마우스로 지정하고 실행단추 ⇥ Run 를 누르면 결과물을 얻을 수 있다.

```
BOOTSTRAP CONFIDENCE INTERVAL CALCULATIONS
Based on 5000 bootstrap replicates

CALL :
boot.ci(boot.out = mean_results, type = "bca")

Intervals :
Level        BCa
95%   (169.4, 172.1 )
Calculations and Intervals on Original Scale
```

[그림 2-10] 5,000회 부트스트래핑 결과

결과 해석 BCa 방식에 의한 5,000회 반복을 통한 부트스트래핑 결과, 95% 신뢰수준에서 키의 하한값은 169.4cm, 상한값은 172.1cm임을 알 수 있다.

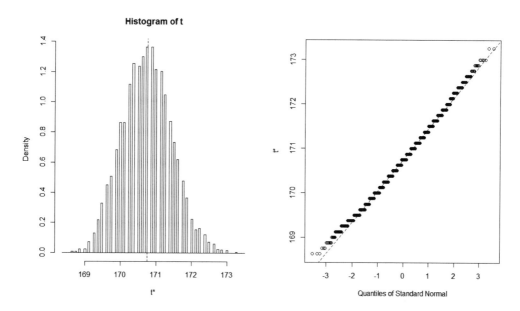

[그림 2-11] 히스토그램과 표준정규곡선

결과 해석 BCa 방식에 의한 5,000회 반복을 통한 부트스트래핑 실시 결과, 종모양 대칭 분포(bell-shaped distribution)를 보이고 있음을 알 수 있다. 표준정규곡선은 일직선으로 나타나 정규분포임을 재차 확인할 수 있다.

부트스트래핑

- 표본분포가 비정규분포를 보이거나 소표본인 경우, 비정규분포의 문제 해결을 위해 복원추출 방법에 의해서 통계량을 계산하는 방법

연습문제

1 부트스트래핑 개념을 설명해보자.

2 다음은 A회사에서 생산하는 8개의 우유를 샘플링한 것이다. 우유 용량을 250ml라고 할 수 있는지 없는지 부트스트래핑을 이용하여 분석하고 설명하라.

255 260 257 253 245 254 253 250

전문적인 분석가가 되려면 자신이 이거다 정한 것과 전면적으로 관계 맺는 일,
즉 헌신하는 마음(commitment)이 있어야 한다.

3장

통계 프로그램

학습목표

1. 각종 통계 프로그램에 대하여 이해한다.
2. SPSS에서 PROCESS macro 설치 방법과
   기본 실행방법을 이해한다.
3. R 프로그램에 대하여 이해하고 실행할 수 있도록 노력한다.
4. AMOS 프로그램에 대하여 이해한다.

1 SPSS

SPSS는 통계적 분석과 데이터 마이닝 등에 사용되는 통계분석 프로그램용 상용프로그램이다. SPSS는 Statistical Package for the Social Sciences의 첫 글자를 따서 이름 지어졌다. 1968년 처음 개발되어 SPSS Inc.가 2009년까지 개발해오다 IBM에 흡수되어 현재 IBM에서 판매하고 있다.

[표 3-1] SPSS 기본 내용

원저자	SPSS Inc
발표일	1968년
최근 버전	버전 25
운영 체계	Microsoft Windows, OS X
종류	통계분석 소프트웨어
웹사이트	https://www.ibm.com/analytics/kr/ko/technology/spss

다음 그림은 SPSS 프로그램의 초기화면이다.

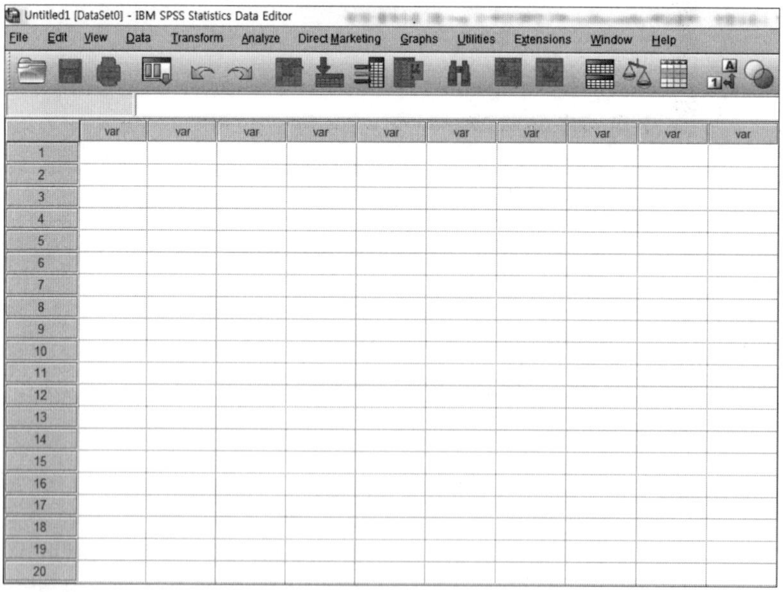

[그림 3-1] SPSS 프로그램 초기화면

이 프로그램의 장점은 GUI(Graphic User Interface)라서 사용자가 쉽게 통계 결과물을 얻을 수 있다는 것이다. 다만, 상용 버전이라는 점에서 정식 버전을 사용하기 위해서는 비용을 지불해야 한다.

2 PROCESS macro

오하이오주립대학교 심리학과의 앤드류 헤이즈(Andrew F. Hayes) 교수는 인간 행위에 내재된 매개효과(mediation effect)와 조절효과(moderation effect)에 대한 연구에 헌신하고 있다. 그는 고등학교 시절 아버지가 사준 컴퓨터로 독학으로 BASIC을 공부하였다. 이후 복잡한 인과관계 문제를 쉽게 해결할 수 있도록 통계 프로그램에 적용하려 노력하였고 그 결과 PROCESS를 개발하게 되었다. 연구자들은 PROCESS 프로그램을 이용하여 조건부 프로세스 분석을 수월하게 할 수 있다.

PROCESS는 SPSS와 SAS에서 매개효과와 조절효과를 분석할 수 있는 사용자 중심의 프로그램이다. 연구자는 SPSS PROCESS를 설치하여 매개분석, 조절분석, 조건부 분석(조절된 매개, 매개된 조절) 등 복잡한 분석을 실시할 수 있다. 약 90여 가지 형태의 조절분석 및 매개분석 관련 모델 번호만 입력하면 쉽게 분석할 수 있다.

SPSS PROCESS는 SPSS 프로그램상에서 조건부 프로세스 분석(conditional process analysis)이 가능한 부가기능이 있다. PROCESS의 제작자 헤이즈 교수는 이를 '매크로(macro)'라고 부른다. 관심 있는 연구자라면 누구나 프로세스 매크로 사이트에 접근하여 무료로 프로세스를 다운로드할 수 있다.

프로세스 매크로 사이트
- https://www.processmacro.org/index.html

2-1 SPSS 프로그램상에서 PROCESS 설치하기

먼저, https://www.processmacro.org/index.html에서 DOWNLOAD 단추를 누른다. 화면 하단에서 Download PROCESS v3.2.01 단추를 누른다(헤이즈 교수가 지속적으로 업데이트 버전을 업로드하기 때문에 버전 명칭은 달라질 수 있다).

다음으로, afhayes.com의 processv31.zip(7.53MB) 압축파일을 저장한다. 이어 저장한 압축파일을 푼다.

SPSS상에서 프로그램을 설치하는 방법은 두 가지가 있다. 첫 번째는 Syntax(명령문창)에 PROCESS macro를 설치해서 실행하는 방법이다. 두 번째는 유틸리티(Utilities) 사용자 정의 대화상자(Install Custom Dialogue)를 이용하여 회귀분석 모듈에 설치하는 방법이다.

1) SPSS Syntax창에 설치하기

SPSS Syntax창에 프로그램을 설치하는 방법에 대하여 알아보자. 여기서는 영문 프로그램 기준으로 설명하기로 한다(저자의 경험상 영문으로 봐야 프로그램 운용이 용이함).

1단계: 한글을 영문으로 전환하기 위해 편집(E) → 옵션(N) → 언어를 누른다. 그런 다음 언어에서 출력과 사용자 인터페이스를 영어(E)로 지정한다.

2단계: SPSS 프로그램을 실행한다. File → Open → Syntax(Script창이 아님에 유의할 것) 단추를 누른다. 압축을 푼 PROCESS 파일의 확장자인 process.sps가 저장된 곳을 찾는다. 그러면 다음과 같은 화면이 나타난다.

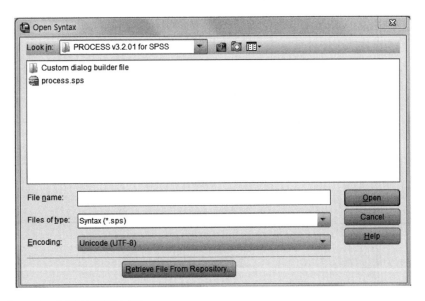

[그림 3-2] PROCESS 파일 저장경로 찾기

3단계: 마우스로 process.sps를 지정하면 File name란에 process.sps가 위치하게 된다.

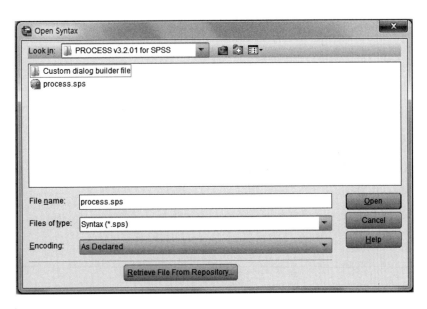

[그림 3-3] PROCESS 확장자 지정

4단계: <kbd>Open</kbd> 단추를 누르면 다음과 같은 화면이 나타난다.

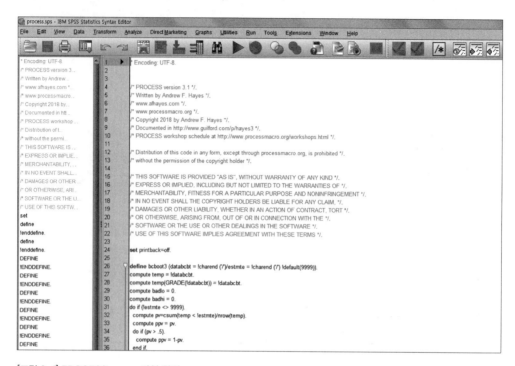

[그림 3-4] PROCESS macro 파일 화면

5단계: 앞 PROCESS macro 파일 화면에서 Run → All 단추를 눌러 실행한다(이때 주의할 점은 실행 이전에 코드를 변경하면 안 된다). 그러면 다음과 같은 PROCESS 프로그램에 대한 설명화면이 나타난다.

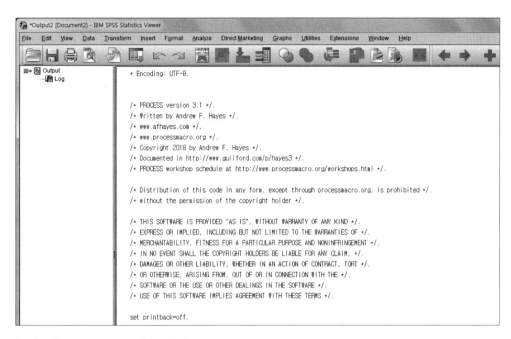

[그림 3-5] PROCESS 프로그램 설명화면

6단계: 이어서 불러오기를 한 SPSS 데이터(student1.sav)를 확인한다. 만약 분석 이전에 분석하고자 한 데이터 파일을 불러오기하지 않았다면 이때 하면 된다.

	x	w	m	y	mw	xw	var	var	var	var
1	4	3	1	2	3	12.00				
2	4	3	2	3	6	12.00				
3	4	4	1	3	4	16.00				
4	1	5	5	5	25	5.00				
5	1	4	5	5	20	4.00				
6	5	3	1	3	3	15.00				
7	5	4	1	3	4	20.00				
8	5	3	3	3	9	15.00				
9	5	3	2	3	6	15.00				
10	1	5	5	5	25	5.00				
11	5	4	3	5	12	20.00				
12	1	4	3	5	12	4.00				
13	4	3	2	4	6	12.00				
14	4	3	2	3	6	12.00				
15	5	3	1	3	3	15.00				

[그림 3-6] 데이터 파일 불러오기 (데이터 student1.sav)

7단계: SPSS 프로그램상에서 File → New → Syntax를 눌러 다음과 같은 명령어를 입력한다.

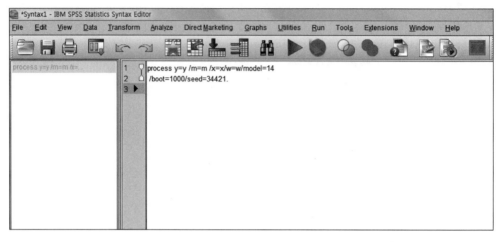

[그림 3-7] 헤이즈 모델 14번 실행 명령문

앞에서 나타낸 명령문을 간단히 설명해보자. 헤이즈 교수가 정리한 모델 14번에 해당하는 방법으로 PROCESS 프로그램을 실행하기 위한 명령문이다. y는 종속변수, m은 매개변수, w는 조절변수를 나타낸다. boot=1000은 부트스트래핑을 1,000회 실시한다는 것을 말한다. seed=34421은 시드값으로 34421이 지정되어 부트스트래핑을 위한 난수를 생성하는 방법을 의미한다. 마지막 문장에 구두점(.)을 표시하는 것을 잊으면 안 된다.

```
process y=y /m=m /x=x/w=w/model=14

/boot=1000/seed=34421.
```

8단계: Run창에서 All 단추를 눌러 실행한다. 또는 마우스로 명령문을 모두 지정하고 ▶(Run Selection) 단추를 누르면 된다.

```
Run MATRIX procedure:

*************** PROCESS Procedure for SPSS Version 3.2.01 *****************

          Written by Andrew F. Hayes, Ph.D.        www.afhayes.com
     Documentation available in Hayes (2018). www.guilford.com/p/hayes3

**********************************************************************
Model  : 14
    Y  : y
    X  : x
    M  : m
    W  : w

Sample
Size:  30

Custom
Seed:    34421

**********************************************************************
OUTCOME VARIABLE:
 m

Model Summary
          R        R-sq        MSE          F        df1        df2          p
      .4942       .2442     1.6735     9.0479     1.0000    28.0000      .0055

Model
             coeff         se          t          p       LLCI       ULCI
constant    4.7258      .6205     7.6166      .0000     3.4548     5.9968
x           -.4884      .1624    -3.0080      .0055     -.8211     -.1558

**********************************************************************
OUTCOME VARIABLE:
 y

Model Summary
          R        R-sq        MSE          F        df1        df2          p
      .8345       .6964      .2757    14.3354     4.0000    25.0000      .0000

Model
             coeff         se          t          p       LLCI       ULCI
constant    1.6232     1.4890     1.0902      .2860    -1.4434     4.6899
x           -.3872      .0827    -4.6846      .0001     -.5575     -.2170
m           1.2032      .3850     3.1249      .0045      .4102     1.9962
w            .8449      .4039     2.0916      .0468      .0129     1.6769
Int_1       -.2667      .1024    -2.6045      .0153     -.4776     -.0558

**********************************************************************
```

```
Product terms key:
 Int_1     :        m        x        w

Test(s) of highest order unconditional interaction(s):
        R2-chng         F        df1        df2         p
M*W       .0824      6.7832     1.0000     25.0000     .0153
----------
    Focal predict: m        (M)
        Mod var: w          (W)

Conditional effects of the focal predictor at values of the moderator(s):

         w       Effect        se         t          p         LLCI        ULCI
      3.0000      .4031      .1063     3.7917      .0008       .1841       .6221
      4.0000      .1364      .0872     1.5651      .1301      -.0431       .3159
      5.0000     -.1303      .1577     -.8264      .4164      -.4550       .1944

***************** DIRECT AND INDIRECT EFFECTS OF X ON Y *****************

Direct effect of X on Y
     Effect        se         t          p         LLCI        ULCI
     -.3872      .0827     -4.6846      .0001      -.5575      -.2170

Conditional indirect effects of X on Y:
INDIRECT EFFECT:
 x          ->      m           ->      y

         w       Effect      BootSE     BootLLCI    BootULCI
      3.0000     -.1969      .1056      -.4899      -.0498
      4.0000     -.0666      .0566      -.2267       .0055
      5.0000      .0636      .0651      -.0710       .1783

    Index of moderated mediation:
      Index      BootSE     BootLLCI    BootULCI
 w    .1303      .0670       .0238       .2895
---
```

[그림 3-8] 결과 화면

결과 해석 결과 해석에 대한 내용은 해당 장에서 자세히 설명할 것이다. [그림 3-8] 결과 화면에서 해당 통계량의 신뢰구간 [LLCI ULCI]에 '0'이 포함되어 있는지 포함되어 있지 않은지 자세히 봐야 한다. '0'이 포함되어 있으면 분석자가 관심 있게 보고자 한 통계량이 유의하지 않다고 해석할 수 있다.

연구자가 SPSS 프로그램상에서 PROCESS Syntax를 실행하기 위해서는 SPSS 프로그램을 계속 운용(operation)해야 한다. 만약 SPSS 프로그램을 사용하다 로그오프 상태에서 다시 SPSS 프로그램을 실행할 경우, 앞에서 설명한 process.sps를 다시 실행해야 한다. 이후 모델 분석과 관련한 명령문을 입력하고 분석을 실시해야 한다.

2) 회귀분석창에 PROCESS 설치하기

PROCESS 프로그램을 회귀분석창에 연결해놓고 사용할 수 있다. 이럴 경우 연구자는 쉽게 매개효과, 조절효과, 조건부 효과 등을 분석할 수 있다.

1단계: SPSS 영문판 24버전 기준 Extension(확장) → Utilities(유틸리티) → Install Custom Dialog[사용자 정의 대화상자 설치(호환모드)]를 누른다.

2단계: Custom dialog builder file을 누른다. 이어서 확장자 .spd를 찾는다.

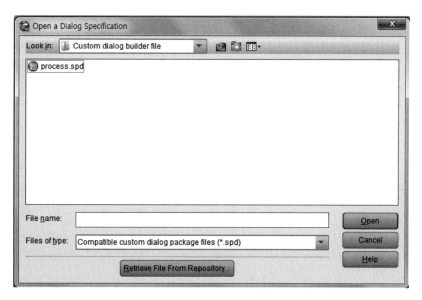

[그림 3-9] process.spd 확장자 검색 화면

3단계: process.spd 파일을 지정하고 Open 단추를 누른다.

4단계: Analyze, Regression 단추를 누른다. 여기서 PROCESS V3.2 by Andrew F Hayes 모듈이 설치된 것을 확인할 수 있다.

5단계: student1.sav 파일을 불러온 다음, Analyze → Regression → PROCESS V3.2
by Andrew F Hayes 단추를 누르면 다음과 같은 화면이 나타난다.

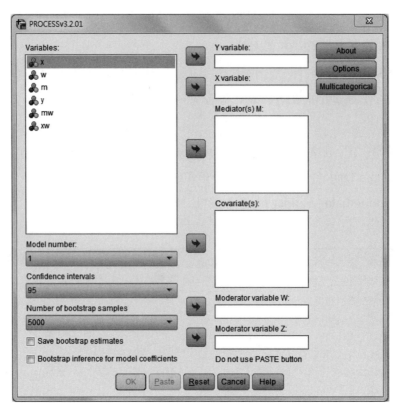

[그림 3-10] PROCESS 화면

6단계: Y variable 칸에는 y변수를, X variable 칸에는 x변수를, Mediators(s) M 칸에는
매개변수에 해당하는 m변수를, Moderator variable W 칸에는 조절변수에 해당
하는 w변수를 지정한다. 이어서 Model number(모델번호)는 14번을 지정한다.

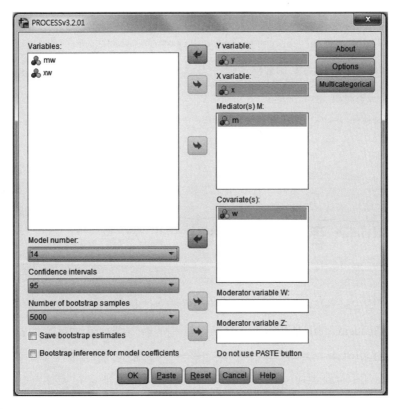

[그림 3-11] 변수 및 모델번호 지정 화면

7단계: OK 단추를 누르면 분석결과를 확인할 수 있다. 또한 이 결과는 Syntax 화면에서 분석한 내용과 동일함을 알 수 있다. 분석결과 내용은 해당 장에서 자세히 설명할 것이다.

정리하면, 연구자는 SPSS 프로그램상에서 PROCESS를 두 가지 방법으로 사용할 수 있다. 첫 번째는 Syntax상에 알고리즘을 불러와서 실행하는 방법이고, 두 번째는 SPSS 프로그램 Regression(회귀분석) 모듈에 설치하여 사용하는 방법이다. 연구모델의 종류를 결정하기 위해서 연구자는 다운로드 페이지(http://www.personal.psu.edu/jxb14/M554/ specreg/templates.pdf)에서 templates.pdf 파일을 다운받으면 된다. 템플릿은 pdf 파일 형태로 되어 있으며 92가지 연구모델이 그려져 있다.

연구자는 PROCESS를 이용해서 연구모델을 손쉽게 분석할 수 있다. 분석자나 연구자가 통계적 모델에 대해 완전히 이해하지 못하고 구상하는 연구모델이 몇 번인지 모를 경우, PROCESS 탬플릿을 보면서 확인하면 된다. 그간 PROCESS 프로그램이 없을 때는 회귀분석을 일일이 차례대로 실행하여 계산해야 했기 때문에 통계적 개념이 부족하면 사용하기가 힘들었다. 그러나 이제는 맞춤식으로 상품을 주문하듯이 templates.pdf를 보면서 몇 번 모형인지 골라서 번호만 입력하여 분석하면 된다. PROCESS는 SPSS뿐만 아니라 SAS에서도 실행이 가능하니 해당 프로그램이 익숙한 연구자는 SAS에서 사용하면 된다.

3 RStudio 플랫폼 이용하기

R은 뉴질랜드 오클랜드대학교 통계학과 교수인 로스 이하카(Ross Ihaka)와 로버트 젠틀맨(Robert Gentleman)이 개발한 프로그램으로, 탁월한 통계분석 역량과 그래픽 구현 역량을 지니고 있어 분석자들로부터 점차 많은 인기를 얻고 있다. R은 데이터를 분석하는 데 이용할 수 있는 통계 소프트웨어로, 오픈소스이기 때문에 비용이 들지 않아 기업, 학계, 언론계, 의료계 등 다양한 분야에서 사용되고 있다. RStudio는 R 프로그램과 함께 보다 높은 생산성을 산출할 수 있도록 통합된 디자인의 통계 플랫폼이다. RStudio는 콘솔(console), 명령문 작성창(syntax-highlighting editor), 강력하고 다양한 그래픽 툴(plotting), 그리고 연구자의 작업환경을 확인할 수 있는 디버깅 기능과 관리 기능을 가지고 있다.

1단계: R 프로그램을 이용하기 위해서는 우선 www.r-project.org에서 R 프로그램을 다운로드받아야 한다.

2단계: R을 먼저 설치한 다음에 RStudio를 설치한다. 이어서 https://www.rstudio.com/products/rstudio/download/에서 RStudio Desktop Open Source를 다운로드하고 설치한다.

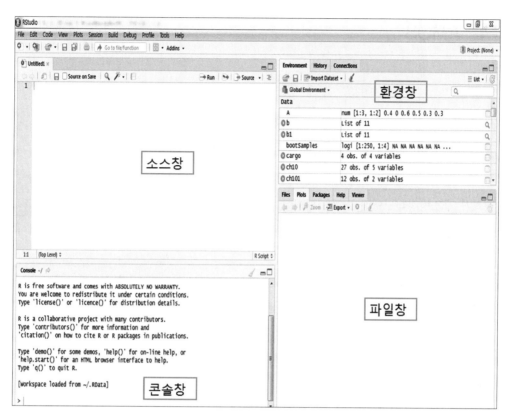

[그림 3-12] RStudio 화면

RStudio는 소스창, 콘솔창, 환경창, 파일창 등 4개 창이 있다. 소스창은 메모장과 같아 일종의 문서 편집기 역할을 한다. 이 창에서 분석자는 명령어 입력과 메모 입력 등 스크립트(script)를 작성할 수 있다. 콘솔창은 RStudio 왼쪽 하단에 위치하고 있는데, 여기에는 명령어를 입력하고 실행한 결과가 출력되게 된다. 환경창은 분석 과정에서 생성한 데이터를 보여주는 역할을 한다.

파일창은 우측 하단에 위치해 있으며 윈도우 파일 탐색기처럼 워킹 디렉터리(working directory) 내용을 보여준다. 여기서 워킹 디렉터리란 R에서 파일을 불러오거나 파일을 저장할 때 사용하는 폴더를 말한다. 파일창에는 Files, Plots, Packages, Help, Viewer 등 5개 창이 있다. Files은 워킹 디렉터리를 보여주는 기능을 한다. Plots은 생성된 그래프를 보여준다. Packages는 설치된 패키지 목록을 보여준다. Help는 help() 함수 실행을 통해 명령어를 설명하는 내용을 보여준다. Viewer는 분석결과를 HTML 등과 같은 웹문서로 출력한 내용을 보여준다.

4 AMOS

1) Amos 설명

IBM® SPSS® Amos(Analysis of Moment Structural)는 미국 템플대학교의 아버클 (Arbuckle) 교수가 개발한 프로그램이다. Amos는 회귀분석, 요인분석, 연관 및 차이 분석을 포함한 표준 다변수 분석 메소드를 확장하여 연구 및 이론을 지원할 수 있게 해주는 강력한 구조방정식모델링 소프트웨어이다. 연구자는 SPSS Amos를 통해 직관적인 그래픽 또는 프로그램 사용자 인터페이스를 사용하여 복합적인 관계를 다변수와 요인으로 표현하고 이에 대해 통계분석을 실시할 수 있다.

연구자는 Amos 프로그램을 통해서 구조방정식모델의 사양을 검색하고 다양한 모델을 명령문이나 그래픽으로 구현할 수 있다. 이를 위해서는 평소에 연구주제를 연구모델이나 수학식으로 표현하기 위한 노력을 꾸준히 해야 한다.

Amos는 프로그래머뿐만 아니라 일반 사용자들도 경로 다이어그램을 그리지 않고 구조방정식모델을 지정할 수 있는 방법을 제공한다. 연구모델을 적용하고 나면 SPSS Amos 경로 다이어그램에 변수 간 관계의 강도가 표시된다. 또한 회귀분석, 요인분석, 연관 및 집단별 차이 분석을 포함하여 표준 다변수 분석 메소드를 확장할 수 있다.

사용자 정의 명령문 지정창

[그림 3-13] Amos 초기 화면

Amos 프로그램에는 도구상자창, 관리창, 경로도형 그리기창, 사용자 정의 명령문 지정창(Not estimating any user-defined estimand) 등이 있다. 도구상자창에는 경로모델 분석에 관한 정보가 아이콘화되어 있다. 관리창에는 데이터 분석 및 결과 분석 정보가 있다. 경로도형 그리기창은 도구상자창의 아이콘을 옮겨다가 연구자가 계획하는 연구모델을 그리는 창이다. 이에 대한 내용들은 향후 관련 장에서 상세히 다룰 것이다.

연습문제

1 헤이즈 교수가 개발한 PROCESS 프로그램의 장점과 단점을 설명하라.

2 R 프로그램의 장점과 단점을 설명하라.

3 Amos 프로그램의 장점과 단점을 토의해보자.

2부

조건부 프로세스 분석력 향상

혁신 주기는 갈수록 빨라지고 있다. 항상 새로운 분석기법을 갈구해야 한다.

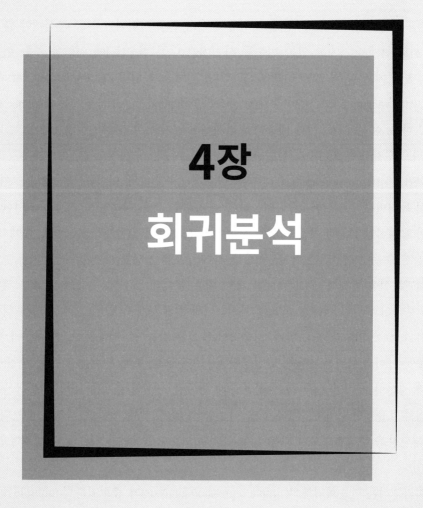

4장

회귀분석

학습목표

1. 회귀분석의 의미와 목적을 명확하게 이해한다.

2. 회귀분석 예제를 통해서 최소자승법 방식에 의한
   추정 회귀식을 구할 수 있다.

3. 가설검정을 통해서 추정 회귀식의 유의성과 각 변수의 유의성
   여부를 판단하는 방법을 알아본다.

4. 통계적 추론 방법을 이해한다.

1 단순회귀분석

통계를 다루다 보면 두 개 혹은 그 이상의 여러 변수 사이의 관계를 분석해야 할 때가 있다. 서로 관계를 가지고 있는 변수들 사이에는 다른 변수(들)에 영향을 주는 변수(들)가 있는 반면에 영향을 받는 변수(들)도 있다. 전자를 독립변수(independent variable 또는 predictor variable)라고 하며, 후자를 종속변수(dependent variable 또는 response variable)라고 한다. 예컨대 광고액과 매출액의 관계에서 전자는 후자에 영향을 미치므로 독립변수가 되고 후자는 종속변수가 된다.

회귀분석(regression analysis)은 독립변수가 종속변수에 미치는 영향력의 크기를 조사하여 독립변수의 일정한 값에 대응하는 종속변수 값을 예측하는 기법을 의미한다. 예를 들어 긍정적인 감정과 주도적 행동 사이에 어떤 관계가 있을 때, 일단 마음속에서 긍정적인 감정 수준이 결정되면 회귀분석을 통하여 주도적 행동을 예상할 수 있다.

회귀분석을 이해하는 것은 예측 관련 내용을 이해하는 데 주춧돌을 놓는 것과 같다. 회귀분석의 탄탄한 이해는 선형회귀분석 이해에 큰 도움을 줄 수 있다. 회귀분석은 세 가지의 주요 목적을 갖는다. 첫째, 기술적인 목적을 갖는다. 예를 들어, 변수들 즉 광고액과 매출액 사이의 관계를 기술하고 설명할 수 있다. 둘째, 통제 목적을 갖는다. 예를 들어, 비용과 생산량 사이의 관계 혹은 결근율과 생산량 사이의 관계를 조사하여 생산 및 운영관리의 효율적인 통제에 회귀분석을 이용할 수 있다. 셋째, 예측의 목적을 갖는다. 기업에서 생산량을 추정함으로써 비용을 예측할 수 있으며 광고액을 앎으로써 매출액을 예상할 수 있다.

회귀분석은 단순회귀분석(simple regression analysis)과 중회귀분석(multiple regression analysis)으로 나뉜다. 이에 대한 구분방법은 다음 표를 참조하면 쉽게 이해할 수 있다.

[표 4-1] 회귀분석의 종류

구분	독립변수	종속변수
단순회귀분석	1	1
중회귀분석	2개 이상	1
일반선형분석	2개 이상	2개 이상

이제 모집단에 대한 단순회귀의 선형모형을 세워보자.

단순회귀직선모형

$$Y_i = \beta_0 + \beta_1 X + \epsilon_i \qquad \text{(식 4-1)}$$

여기서 $Y_i = i$ 번째 반응치

$\beta_0 =$ 절편 모수

$\beta_1 =$ 기울기 모수

$X_i =$ 이미 알려진 독립변수의 i 번째 값

$\epsilon_i =$ 오차이며 분포는 $N(0, \sigma^2)$

$Cov(\epsilon_i, \epsilon_j) = 0$ (단, $i \neq j$)

다음으로 회귀모형의 가정을 정리하면 다음과 같다.

회귀모형의 가정

① X는 확률변수가 아니라 확정된 값이다.

② 모든 오차는 정규분포를 이루며 평균이 0, 분산은 σ^2으로 X값에 관계없이 동일하다.
즉, $\epsilon_i \sim N(0, \sigma^2)$

③ 서로 다른 관찰치의 오차는 독립적이다. 즉, $Cov(\epsilon_i, \epsilon_j) = 0$ (단, $i \neq j$)

④ $Y \sim N(\beta_0 + \beta_1 X, \sigma^2)$

회귀직선모형의 기울기와 절편

$$b_1 = \frac{n\sum X_i Y_i - (\sum X_i)(\sum Y_i)}{n\sum X_i^2 - (\sum X_i)^2} = \frac{\sum(X_i - \bar{X})(Y_i - \bar{Y})}{(X_i - \bar{X_i})^2}$$

$$b_0 = \frac{1}{n}(\sum Y_i - b_1 \sum X_i) = \bar{Y} - b_1\bar{X} \qquad \text{(식 4-2)}$$

1-1 회귀식 정도

앞에서 주어진 자료를 바탕으로 회귀모형을 일차함수로 나타낸 후에 최소자승법 (Ordinary Least Square, OLS)에 의하여 회귀직선을 구하는 방법을 설명하였다. 그러나 회귀선만으로 관찰치들을 어느 정도 잘 설명하고 있는지 여부를 알 수 없다. 회귀선의 정도, 즉 회귀선이 관찰자료를 어느 정도로 설명하는지를 추정하여야 한다.

회귀선의 정도를 추정하는 방법으로는 추정의 표준오차(standard error the estimate), 결정계수(coefficient determination) 두 가지가 있다. 먼저, 추정의 표준오차는 다음과 같은 식으로 계산한다.

$$S_{y \cdot x} = \sqrt{\frac{\sum (Y_i - \hat{Y}_i)^2}{n-2}} = \sqrt{\frac{\sum e_i^2}{n-2}} \qquad \text{(식 4-3)}$$

이 값이 0에 가까울수록 회귀식이 독립변수 X와 종속변수 Y의 관계를 적절하게 설명한다고 볼 수 있다.

추정의 표준오차는 척도에 따라 값이 달라질 수 있어 해석이 어려운 경우가 많다. 이 문제를 어느 정도 해결해주는 방법으로 결정계수가 있다. 결정계수는 종속변수의 변동 중 회귀식에 의해 설명되는 비율을 의미한다. 결정계수를 구하기 전에 먼저 필요한 개념을 소개하기로 한다.

관찰치 Y_i의 총편차는 다음과 같이 두 부분으로 나눌 수 있다.

$$(Y_i - \bar{Y}) = (Y_i - \hat{Y}_i) + (\hat{Y}_i - \bar{Y}) \qquad \text{(식 4-4)}$$
$$\text{(총편차) (설명되지 않는 편차) (설명되는 편차)}$$

등식 오른쪽의 첫 번째 편차는 회귀선에 의해서 나타낼 수 없으므로 이것을 설명되지 않는 편차라 부른다. 두 번째 편차는 회귀선으로 나타낼 수 있기 때문에 설명되는 편차라고 부른다. 관찰치 Y_i는 회귀선으로는 표현할 길이 없고, 추정치 $\hat{Y}_i$는 회귀선에 의해 계산이 가능하며, 회귀선은 평균치 $\bar{Y}$를 지나기 때문이다. 이와 같이 총편차는 설명되지 않는 편차와 설명되는 편차로 나눌 수 있다. 이것을 그림으로 나타내면 [그림 4-1] 과 같다.

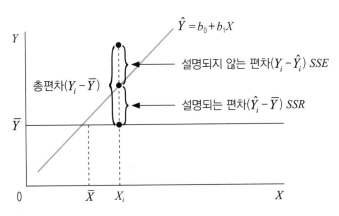

[그림 4-1] 총편차의 구분

위 그림에서 $\sum (Y_i - \overline{Y})^2$은 총변동(total variation, SST), $\sum (Y_i - \hat{Y}_i)^2$은 설명되지 않는 변동(unexplained variation), 그리고 $\sum (\hat{Y}_i - \overline{Y})^2$은 설명되는 변동(explained variation)이라고 부른다. 특히 설명되지 않는 변동은 잔차에 의한 제곱합(Sum of Squares due to residual Error, SSE), 설명되는 변동은 회귀에 의한 제곱합(Sum of Squares due to Regression, SSR)이라고도 한다. 따라서 (식 4-5)는 다음과 같이 된다.

$$SST = SSE + SSR \qquad \text{(식 4-5)}$$

이제 표본결정계수는 다음과 같이 정의된다.

표본결정계수

$$r^2 = \frac{SSR}{SST} = 1 - \frac{SSE}{SST} \qquad \text{(식 4-6)}$$

이것은 총변동 중에서 회귀선에 의하여 설명되는 비율을 나타내며 r^2의 범위는 $0 \le r^2 \le 1$이다. 만일에 모든 관찰치들과 회귀선이 일치한다면 $SSE=0$이 되어 $r^2=1$이 된다. 이렇게 되면 X와 Y 사이의 상관관계는 100% 있다고 본다. 왜냐하면 $r^2 = \pm\sqrt{r^2}$이기 때문이다. r^2의 값이 1에 가까울수록 회귀선은 표본의 자료를 설명하는 데 유용성이 높다. 이와 반대로, 관찰치들이 회귀선에서 멀리 떨어져 있으면 SSE는 커지게 되며 r^2의 값은 0에 가까워진다. 이 경우에 회귀선은 쓸모없는 회귀모형이 되고 만다. 따라서 표본결정계수 r^2의 값에 따라 모형의 유용성을 판단할 수 있다. 경우에 따라 다르기는 하지만, 사회과학의 경우에는 총변동의 70% 이상을 설명할 수 있는 회귀모형은 유용한 것으로 볼 수 있다.

1-2 회귀선의 적합성

회귀선이 통계적으로 유의한가(statistically significant)를 검정하는 것은 매우 중요하다. 회귀모형이 아무리 설명력이 높다 하더라도 유의하지 못하면 소용이 없기 때문이다. 회귀선의 적합성(goodness of fit) 여부, 즉 주어진 자료에 적합(fit)시킨 회귀선이 유의한가는 분산분석(analysis of variance)을 통하여 알 수 있다. 이를 위해 분산분석표를 만들면 다음과 같다.

[표 4-2] 단순회귀의 분산분석표

원천	제곱합(SS)	자유도(DF)	평균제곱(MS)	F
회귀 잔차	$SSR = \sum(\hat{Y} - \bar{Y})^2$ $SSE = \sum(Y - \hat{Y})^2$	k $n-(k+1)$	$MSR = \dfrac{SSR}{k}$ $MSE = \dfrac{SSE}{n-k-1}$	$\dfrac{MSR}{MSE}$
합계	$SST = \sum(Y - \bar{Y})^2$	$n-1$		

* k는 독립변수의 수이며, 그 값은 1이다. n은 표본수이다.

위 표에서 평균제곱은 제곱합을 각각의 자유도로 나눈 것이다. 통계량 MSR/MSE는 자유도(k, n-(k+1))의 F분포를 한다고 알려져 있다. 회귀의 평균제곱 MSR이 잔차의 평균제곱 MSE보다 상대적으로 크다면, X와 Y의 관계를 설명하는 회귀선에 의하여 설명되는 부분이 설명되지 않는 부분보다 크기 때문이다.

회귀선 검정에 대한 귀무가설과 대립가설은 다음과 같다.

$$H_0: \text{회귀선은 유의하지 못하다. 또는 } (\beta_1 = 0)$$
$$H_1: \text{회귀선은 유의하다. 또는 } (\beta_1 \neq 0)$$

회귀모형이 통계적으로 유의하다면 모집단의 회귀모형에 대하여 계속해서 추론을 하여야 한다. 만약 분산분석에서 회귀선이 유의하지 않다고 결론 내려지면 그 회귀모형은 폐기되어야 한다.

1-3 회귀모형의 추론

표본에서 구한 표본회귀선의 방정식으로부터 모집단 회귀선을 추정해야 하는데, 이것을 회귀분석의 통계적 추론(statistical inference)이라고 한다.

단순회귀분석의 모집단 회귀모형을 아래 식으로 나타내보자.

$$Y_i = \beta_0 + \beta_1 X_i + \epsilon_i \qquad \text{(식 4-7)}$$

여기서 $\beta_0, \beta_1 = $ 모수

$X_i = $ 알려진 상수

$\epsilon_i = $ 독립적이며, $N(0, \sigma^2)$

$Cov(\epsilon_i, \epsilon_j) = 0 \ (\text{단}, i \neq j)$

실제 모집단에 속해 있는 관찰치를 모두 얻는 것은 불가능하므로 모집단으로부터 n개의 관찰치를 추출하여서 다음과 같이 표본회귀직선을 추정한다.

$$\hat{Y}_i = \beta_0 + \beta_1 X_i \qquad \text{(식 4-8)}$$

여기서 $\hat{Y}_i$는 Y_i, b_0는 β_0, 그리고 b_1은 β_1의 점추정량들이다. 이 추정량들은 평균과 분산을 가지고 있으므로 모수들에 대한 구간추정과 가설검정을 할 수 있는 통계적 근거를 마련해준다.

1) β_1의 신뢰구간 추정

일반적으로 연구자(분석자)들은 (식 4-8)의 회귀모형 기울기 β_1의 추정에 관하여 관심을 가지는 경우가 많다. β_1에 대한 가설검정은 다음과 같다.

$$H_0: \beta_1 = 0$$
$$H_1: \beta_1 \neq 0$$

만약 귀무가설이 기각되지 않으면, 독립변수가 종속변수를 예측하는 데 도움이 되지 못한다는 것을 나타낸다. 위의 가설검정을 위한 검정통계량은 다음과 같은 t분포를 따른다.

가설검정 통계량 t분포

$$\frac{b_1 - \beta_1}{S_{b_1}} \text{은 } t(n-2) \text{ 분포를 한다.} \tag{식 4-9}$$

n개의 표본에서 n-2의 자유도를 가지게 된 이유는 β_0, β_1의 두 모수가 추정되어야 하기 때문에 2개의 자유도를 잃게 된 것이다.

그리고 β_1에 대한 신뢰구간은 (식 4-10)과 같다.

$$\beta_1 \in b_1 \pm t(\frac{a}{2}, n-2) \cdot S_{b_1} \tag{식 4-10}$$

여기서 $S_{b_1} = \dfrac{MSE}{\sum(X_i - \bar{X})^2}$, $\quad MSE = \dfrac{\sum(Y_i - \hat{Y}_i)^2}{n-2}$

위의 식에서 σ^2을 아는 경우에는 MSE 대신에 σ^2을 대치할 수 있으며 표본의 크기가 충분히 큰 경우에는 t 대신에 Z를 쓰면 된다.

표본이 충분히 큰 경우에는 t값 대신에 Z값을 대치하면 된다. 왜냐하면 표본의 크기가 증가할수록 분포는 표준정규분포에 가까워지기 때문이다.

지금까지 설명한 회귀분석의 절차를 요약하면 다음과 같다.

① 산포도를 그려서 자료변동의 대략적인 추세를 살펴본다.
② 회귀모형의 형태를 결정한다. 일반적으로 곡선보다는 직선의 선형모형이 많이 이용된다.
③ 회귀모형의 계수와 정도를 구한다.
④ 회귀모형이 통계적으로 유의한가를 검정한다.
⑤ 유의한 회귀모형에 대하여 추론을 한다.

1-4 상관계수

우리는 표본 관찰치들로부터 구해진 회귀직선 $\hat{Y}_i = b_0 + b_1 X_i$을 얻을 수 있다. 이때 X_i는 주어진 값이고 Y_i만이 확률변수라고 가정하였다. 여기서 오차 $Y_i - \hat{Y}_i$의 크기를 평균개념에 의해서 회귀의 표준오차로 측정하였다. 그러나 상관분석에서는 X, Y 두 변수를 모두 확률변수로 가정하며 두 변수의 선형관계가 얼마나 강한가 하는 것을 지수로 측정하게 된다. 두 변수의 선형관계의 방향과 정도를 나타내는 측정치를 상관계수(correlation coefficient)라고 하는데, 모집단의 상관계수 ρ(rho)는 다음과 같다.

$$\rho = \frac{\sigma_{xy}}{\sigma_x \sigma_y}, \quad -1 \leq \rho \leq 1 \qquad \text{(식 4-11)}$$

여기서 σ_{xy}는 X와 Y 두 변수의 공분산이며 σ_x와 σ_y는 각각 X와 Y의 표준오차이다.

이제 $\sum(X_i - \bar{X}) = \sum X_i^*$, $\sum(Y_i - \bar{Y}) = \sum Y_i^*$이라고 하자. 모집단 상관계수는 표본상관계수를 나타내는 아래 식에 의하여 추정된다.

$$r = \frac{\sum X_i^* Y_i^*}{\sqrt{\sum X_i^{*2}} \sqrt{\sum Y_i^{*2}}} \qquad \text{(식 4-12)}$$

최소자승법에 의하여 얻어진 회귀직선의 기울기는 아래와 같다.

$$b_1 = \frac{\sum X_i^* Y_i^*}{\sum X_i^{*2}}$$

(식 4-13)

그러므로 (식 4-12)와 (식 4-13)에서 아래와 같은 두 식을 얻을 수 있다.

$$r = b_1 \frac{\sqrt{\sum X_i^{*2}}}{\sqrt{\sum Y_i^{*2}}} = b_1 \frac{S_x}{S_y}$$

또는

(식 4-14)

$$b_1 = r \frac{\sqrt{\sum Y_i^{*2}}}{\sqrt{\sum X_i^{*2}}} = r \frac{S_y}{S_x}$$

여기서 알 수 있는 것은 b_1이 일정하다고 할 때 Y에 비해 X의 표준편차가 클수록 상관관계는 커진다는 점이다.

(식 4-14)에서 알 수 있는 바와 같이, 피어슨 상관계수(Pearson's r)는 결정계수의 제곱근의 값이며, 그 부호는 기울기의 것과 같음을 알 수 있다. 피어슨 상관계수는 –1과 1 사이의 범위를 갖는다. 피어슨 상관계수가 1에 근접할수록 강한 선형적인 관계를 보인다고 한다. 상관계수가 양(+)의 부호를 가질 경우, X값이 큰 값을 가지면 상대적으로 Y도 큰 값을 갖는다고 해석하면 된다. 반면에 피어슨 상관계수가 음수(-)인 경우는 만약 X의 높은 값을 가질 경우 Y는 상대적으로 작은 값을 갖는다고 해석한다. 피어슨 상관계수(r)가 0에 근접한 경우는 X와 Y 간의 관계가 명확한 순서가 없는 경우에 발생한다.

상관관계는 인과관계를 의미하지 않는다. 연구자는 시간적인 우선순위, 변수 간의 공변량, 외생변수 통제 등을 고려해서 인과관계 관련 연구모델을 설정하고 실증자료를 분석해야 한다.

1-5 회귀모형의 타당성

회귀모형이 정해졌을 때, 누구도 그것이 적절하다고 쉽게 단언할 수 없다. 따라서 본격적인 회귀분석을 하기 전에 자료 분석을 위하여 다음과 같은 방법으로 회귀모형의 타당성을 검토하는 것은 중요하다.

첫째, 결정계수 r^2이 지나치게 작아서 0에 가까우면, 회귀선은 적합하지 못하다.
둘째, 분산분석에서 회귀식이 유의하다는 가설이 기각된 경우에는 다른 모형을
　　　개발하여야 한다.
셋째, 적합결여검정(lack-if-fit test)을 통하여 모형의 타당성을 조사한다.
넷째, 잔차(residual)를 검토하여 회귀모형의 타당성을 조사한다.

여기서는 잔차의 분석에 대해서만 설명한다. 회귀모형이 타당하려면 무엇보다도 잔차
들이 X축에 대하여 임의(random)로 나타나 있어야 한다.

2 중회귀분석

2-1 중회귀모형

여러 개의 독립변수가 있어서 독립변수들이 종속변수에 어떻게 영향을 미치고 있는가를
분석하는 것이 중회귀분석(multiple regression analysis)이다.

중회귀모형

$$\hat{Y} = \beta_0 + \beta_1 X_1 + \beta_2 X_2 + \epsilon \qquad \text{(식 4-15)}$$

여기서 $\beta_0, \beta_1, \beta_2$는 회귀계수이다.

ϵ은 오차항으로서 $N(0, \sigma^2)$이며 독립적이다.

$\beta_0, \beta_1, \beta_2$의 추정치 b_0, b_1, b_2는 단순회귀분석의 경우와 비슷하게 $Q = \sum e^2 = \sum (Y - \hat{Y})^2$
을 최소화하는 최소자승법을 이용하여 구할 수 있다. 이에 대한 정규방정식(normal
equation)을 구하면 다음과 같다.

$$\sum Y = nb_0 + b_1 \sum X_1 + b_2 \sum X_2$$
$$\sum X_1 Y = b_0 \sum X_1 + b_1 \sum X_1^2 + b_2 \sum X_1 X_2$$
$$\sum X_2 Y = b_0 \sum X_2 + b_1 \sum X_1 X_2 + b_2 \sum X_2^2 \qquad \text{(식 4-16)}$$

방정식과 미지수가 각각 3개이므로 $\beta_0, \beta_1, \beta_2$에 대한 추정치 b_0, b_1, b_2를 구할 수 있다.

2-2 중회귀식의 정도

회귀식의 정도는 회귀식이 관찰자료를 어느 정도 설명하고 있는가를 나타낸다. 이를 위해서는 추정의 표준오차와 결정계수가 사용된다. 전자는 앞 절에서 설명한 개념과 유사하며 흔히 사용되지는 않는다. 여기서는 연구자들이 가장 많이 이용하는 결정계수에 대해서만 설명한다.

결정계수는 표본자료로부터 추정한 회귀방정식의 표본을 어느 정도로 나타내어 설명하고 있는가를 보여준다. 단순회귀분석에서 표본결정계수 r^2은 앞의 (식 4-6)에서 아래와 같이 정의되었다.

$$r^2 = 1 - \frac{SSE}{SST} = \frac{SSR}{SST}$$

이 표본결정계수와 약간 다른 것을 소개하면 다음과 같다.

$$r_a^2 = 1 - \frac{S_{y \cdot x}^2}{S_y^2} = 1 - \frac{\sum (Y - \hat{Y})^2 / n - 2}{\sum (Y - \bar{Y})^2 / n - 1}$$
$$= 1 - \frac{SSE / n - 2}{SST / n - 1} \qquad \text{(식 4-17)}$$

이 r_a^2은 수정결정계수(adjusted coefficient of determination)라고 부른다. 이 결정계수는 각각의 적절한 자유도에 의하여 수정되었기 때문이다. 모집단의 결정계수를 추정할 때에 일반적으로 r^2보다는 r_a^2이 더 많이 사용된다. 그런데 표본의 수가 큰 경우에는 두 표본결정계수가 거의 같아진다.

중회귀모형의 중회귀결정계수 R^2은 다음과 같이 계산한다.

$$R^2 = \frac{SSR}{SST} = 1 - \frac{SSE}{SST} = 1 - \frac{\sum(Y - \hat{Y})^2}{\sum(Y - \overline{Y})^2}$$ (식 4-18)

그리고 중회귀수정결정계수 $R_{y\cdot12}^2$을 계산하면 아래와 같다.

$$R_{y\cdot12}^2 = 1 - \frac{\sum(Y - \hat{Y})^2 / n - 3}{\sum(y - \overline{Y})^2 / n - 1}$$ (식 4-19)

중회귀분석에서 고려해야 할 중요한 개념은 독립변수들 사이의 상관관계를 나타내는 다중공선성(multicollinearity)이다. 이 다중공선성은 각 독립변수의 역할을 강조하는 데서 문제가 야기된다. 대부분의 경우 독립변수들은 종속변수에 대해 합동으로 영향을 주는데, 이 문제를 해결하려면 각 독립변수의 기여도를 개별적으로 분리해볼 필요가 있다.

2-3 중회귀식의 적합성

회귀식이 통계적으로 유의한지 여부를 검정하기 위하여 독립변수가 k개인 중회귀식의 분산분석표를 만들면 [표 4-3]과 같다.

[표 4-3] 중회귀분석의 분산분석표

원 천	제곱합(SS)	자유도(DF)	평균제곱(MS)	F
회귀 잔차	$SSR = \sum(\hat{Y} - \overline{Y})^2$ $SSE = \sum(Y - \hat{Y})^2$	k $n - (k+1)$	$MSR = \dfrac{SSR}{k}$ $MSE = \dfrac{SSE}{n - k - 1}$	$\dfrac{MSR}{MSE}$
합계	$SST = \sum(Y - \overline{Y})^2$	$n - 1$		

검정 절차는 단순회귀분석에 준한다. 검정을 위하여 가설을 세우면 다음과 같다.

$$H_0: \beta_1 = \beta_2 = 0, \ t \leq |\pm 1.96|$$
$$H_1: \text{적어도 둘 중의 하나는 0이 아니다.} \ t > |\pm 1.96|$$

3 통계 프로그램을 이용한 예제 풀이

예제 1 다음은 미국에서 부모의 소득수준(Income, 단위 1,000달러)과 교육정도 (Education)에 따른 SAT점수를 나타낸 것이다. 이를 바탕으로 (1) 세 변수 간의 피어슨 상관계수를 구해보자. (2) 중회귀분석을 실시하고 독립변수(Income, Education)의 유의성 ($\alpha = 0.05$)을 판단해보자.

Income	Education	SAT
14.345	12.7	899
16.37	12.6	896
13.537	12.5	897
12.552	12.5	889
11.441	12.2	823
12.757	12.7	857
11.799	12.4	860
10.683	12.5	890
14.112	12.5	889
14.573	12.6	888
13.144	12.6	925
15.281	12.5	869
14.121	12.5	896
10.758	12.2	827
11.583	12.7	908
12.343	12.4	885
12.729	12.3	887
10.075	12.1	790
12.636	12.4	868
10.689	12.6	904
13.065	12.4	888

(데이터 ch4.csv)

연구자가 구상하는 연구모델은 다음과 같다.

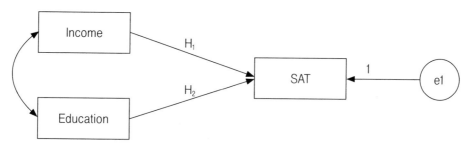

[그림 4-2] 중회귀분석 연구모델

3-1 SPSS

1단계: 회귀분석을 위해서 다음과 같이 자료를 엑셀에서 입력하면 된다.

	A	B	C
1	Income	Education	SAT
2	14.345	12.7	899
3	16.37	12.6	896
4	13.537	12.5	897
5	12.552	12.5	889
6	11.441	12.2	823
7	12.757	12.7	857
8	11.799	12.4	860
9	10.683	12.5	890
10	14.112	12.5	889
11	14.573	12.6	888
12	13.144	12.6	925
13	15.281	12.5	869
14	14.121	12.5	896
15	10.758	12.2	827
16	11.583	12.7	908
17	12.343	12.4	885
18	12.729	12.3	887
19	10.075	12.1	790
20	12.636	12.4	868
21	10.689	12.6	904
22	13.065	12.4	888

[그림 4-3] 자료입력 (데이터 ch4.csv)

* 여기서 Income＝부모의 수입액, Education＝부모의 교육정도, SAT＝SAT점수.

2단계: SPSS 프로그램에서 데이터 파일(ch4.csv)을 불러오기한다. 이어 SPSS 명령문창에서 다음과 같은 명령문을 입력한다. 마우스로 명령문 범위를 설정하고 실행단추 (▶)를 누르면 된다.

```
correlations variables=Income Education SAT.
regression/statistics defaults ci/dep=SAT/method=enter Income Education.
```

3-2 SPSS 결과 해석

Correlations

		Income	Education	SAT
Income	Pearson Correlation	1	.485	.459
	Sig. (2-tailed)		.026	.036
	N	21	21	21
Education	Pearson Correlation	.485	1	.771
	Sig. (2-tailed)	.026		.000
	N	21	21	21
SAT	Pearson Correlation	.459	.771	1
	Sig. (2-tailed)	.036	.000	
	N	21	21	21

[그림 4-4] 상관행렬

결과 해석 Income, Education, SAT에 관한 정방행렬(square matrix)로 상관계수가 나타나 있다. 표본수(N)=21이다. Income과 Education의 상관계수는 0.485로 $\alpha=0.05$에서 유의한 것으로 나타났다. Income과 SAT의 상관계수는 0.459로 $\alpha=0.05$에서 유의한 것으로 나타났다. 또한 Education과 SAT의 상관계수는 0.771로 $\alpha=0.05$에서 유의한 것으로 나타났다.

Model Summary

Model	R	R Square	Adjusted R Square	Std. Error of the Estimate
1	.777[a]	.603	.559	21.131

←—R, R², 표준오차

a. Predictors: (Constant), Education, Income

ANOVA[a]

Model		Sum of Squares	df	Mean Square	F	Sig.
1	Regression	12229.108	2	6114.554	13.694	.000[b]
	Residual	8037.463	18	446.526		
	Total	20266.571	20			

←— 추정 회귀식 유의성 판단

a. Dependent Variable: SAT

b. Predictors: (Constant), Education, Income

Coefficients[a]

Model		Unstandardized Coefficients		Standardized Coefficients	t	Sig.	95.0% Confidence Interval for B	
		B	Std. Error	Beta			Lower Bound	Upper Bound
1	(Constant)	-846.106	383.046		-2.209	.040	-1650.857	-41.356
	Income	2.156	3.295	.111	.654	.521	-4.766	9.077
	Education	136.022	32.208	.717	4.223	.001	68.356	203.689

a. Dependent Variable: SAT

$\widehat{SAT} = -846.106 + 2.156Income + 136.022Education$ $\widehat{Z_{SAT}} = 0.111ZIncome + 0.7172ZEducation$

[그림 4-5] 회귀분석 결과

결과 해석 비표준화 추정 회귀식은 $\widehat{SAT} = -846.106 + 2.156Income + 136.022Education$으로 나타낼 수 있다. 이 회귀식은 60.3%의 설명력을 갖고 있다. 이 추정 회귀식은 Sig=0.000 < α=0.05로 매우 유의함을 알 수 있다. 표준화된 추정 회귀식은 $\widehat{Z_{SAT}}$=0.111ZIncome+0.7172ZEducation이다. 독립변수 중에서 Education 변수가 Sig.=0.001 < α=0.05에서 통계적으로 유의한 것을 알 수 있다.

회귀계수(Coefficients) 표를 보면, 독립변수 중에서 Income 변수는 유의하지 못하며(p값=0.521 > α=0.05), Education 변수는 유의함(Sig=0.001 < α=0.05)을 알 수 있다. 이를 통해 교육정도가 1단위 높아지면 SAT점수가 136.022점 증가할 것으로 예측할 수 있다.

3-3 Rstudio

1단계: Rstudio에서 상관분석과 중회귀분석을 실시하기 위해서 다음과 같은 명령어를 입력한다.

```
ch4=read.csv("F:/data/ch4.csv")
# Correlations Analysis
cor(ch4, use="complete.obs", method="pearson")
library(Hmisc)
rcorr(as.matrix(ch4))
# Multiple Linear Regression
fit<- lm(SAT~ Education + Income, data=ch4)
summary(fit) # show results
# Other useful functions
coefficients(fit) # model coefficients
confint(fit, level=0.95) # CIs for model parameters
fitted(fit) # predicted values
residuals(fit) # residuals
anova(fit) # anova table
vcov(fit) # covariance matrix for model parameters
influence(fit) # regression diagnostics
# Evaluate Collinearity
library(car)
vif(fit) # variance inflation factors
sqrt(vif(fit)) > 2 # problem?
```

[그림 4-6] 상관분석과 회귀분석 명령어 입력 (데이터 ch4.R)

2단계: 모든 범위를 마우스로 지정하고 ⇥ Run 단추를 눌러 실행한다. 그러면 다음과 같은 결과를 얻을 수 있다.

```
          Income Education  SAT
Income      1.00      0.49 0.46
Education    0.49      1.00 0.77
SAT          0.46      0.77 1.00

n= 21


P
          Income Education SAT
Income            0.0258    0.0365
Education 0.0258            0.0000
SAT       0.0365 0.0000
```

[그림 4-7] 상관행렬

결과 해석 Income, Education, SAT에 관한 정방행렬(square matrix)로 상관계수가 나타나 있다. 여기서 정방행렬이란 변수 자신은 상관계수가 1이고, 자신과 나머지 변수는 1보다 작은 수가 나타나 있는 경우를 말한다. 표본수(n)=21이다. Income과 Education의 상관계수는 0.49로 $p=0.0258 < \alpha=0.05$에서 유의한 것으로 나타났다. Income과 SAT의 상관계수는 0.46으로 $p=0.0365 < \alpha=0.05$에서 유의한 것으로 나타났다. 또한 Education과 SAT의 상관계수는 0.77로 $p=0.000 < \alpha=0.05$에서 유의한 것으로 나타났다.

```
Call:
lm(formula = SAT ~ Education + Income, data = ch4)

Residuals:
    Min      1Q  Median      3Q     Max
-51.877 -11.189   1.654  13.184  32.593

Coefficients:
            Estimate Std. Error t value Pr(>|t|)
(Intercept) -846.106    383.046  -2.209 0.040386 *
Education    136.022     32.208   4.223 0.000511 ***
Income         2.156      3.295   0.654 0.521186
---
Signif. codes:  0 '***' 0.001 '**' 0.01 '*' 0.05 '.' 0.1 ' ' 1

Residual standard error: 21.13 on 18 degrees of freedom
Multiple R-squared:  0.6034,    Adjusted R-squared:  0.5593
F-statistic: 13.69 on 2 and 18 DF,  p-value: 0.0002427

> # Other useful functions
> coefficients(fit) # model coefficients
(Intercept)    Education       Income
-846.106248   136.022302     2.155642
> confint(fit, level=0.95) # CIs for model parameters
                  2.5 %       97.5 %
(Intercept) -1650.856988  -41.355508
Education       68.355821  203.688783
Income          -4.765921    9.077204

> anova(fit) # anova table
Analysis of Variance Table

Response: SAT
          Df  Sum Sq Mean Sq F value    Pr(>F)
Education  1 12037.9 12037.9 26.9591 6.136e-05 ***
Income     1   191.2   191.2  0.4281    0.5212
Residuals 18  8037.5   446.5
---
Signif. codes:  0 '***' 0.001 '**' 0.01 '*' 0.05 '.' 0.1 ' '

> # Evaluate Collinearity
> library(car)
> vif(fit) # variance inflation factors
Education    Income
 1.307612  1.307612
```

[그림 4-8] 회귀분석 결과

결과 해석 비표준화 추정 회귀식은 $\widehat{SAT}=-846.106+136.022Education+2.156Income$으로 나타낼 수 있다. 이 추정 회귀식은 $Sig=0.000 < \alpha=0.05$으로 매우 유의함을 알 수

있다. 이 회귀식은 60.3%의 설명력(Multiple R Squared)을 갖고 있다. 자유도로 조정된 결정계수(Adjusted R Squared)는 0.5593임을 알 수 있다. 표준화된 추정 회귀식은 $\widehat{Z_{SAT}}=0.111ZIncome+0.7172ZEducation$이다. 독립변수 중에서 Education 변수가 Sig.=0.001 < α=0.05에서 통계적으로 유의한 것을 알 수 있다.

회귀계수(Coefficients) 표를 보면, 독립변수 중에서 Income 변수는 유의하지 못하며(p값=0.521 > α=0.05), Education 변수는 유의함(Sig=0.0005 < α=0.05)을 알 수 있다. 이를 통해 교육정도가 1단위 높아지면 SAT점수가 136.022점 증가할 것으로 예측할 수 있다.

회귀분석에서는 독립변수들 간의 강한 상관관계인 다중공선성이 존재하면 안 된다. 분산팽창요인(Variance Inflation Factor, VIF)을 구한 결과, 두 독립변수 모두 이 값이 10을 넘지 않아 다중공선성에는 문제가 없는 것으로 나타났다.

3-4 Amos 분석

1단계: Amos 경로도형창에서 다음과 같은 경로도형을 그린다. 이어서 데이터 파일(ch4.csv)을 연결한다.

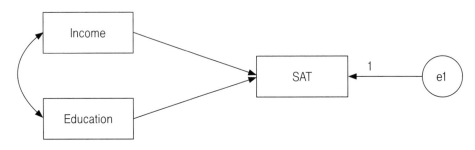

[그림 4-9] 연구모델 (데이터 ch4.amw, ch4.csv)

2단계: Amos 창에서 View → Analysis Properties → Output 창을 누른다. 여기서 Standardized Estimates를 누른다.

3단계: 이어서 실행 단추(▦, Calculate estimate)를 누른다. 그러면 다음과 같은 결과가 나타난다.

Scalar Estimates (Group number 1 - Default model)

Maximum Likelihood Estimates

Regression Weights: (Group number 1 - Default model)

			Estimate	S.E.	C.R.	P	Label
SAT	<---	Income	2.156	3.125	.690	.490	
SAT	<---	Education	136.022	30.555	4.452	***	

Standardized Regression Weights: (Group number 1 - Default model)

			Estimate
SAT	<---	Income	.111
SAT	<---	Education	.717

Covariances: (Group number 1 - Default model)

			Estimate	S.E.	C.R.	P	Label
Income	<-->	Education	.127	.065	1.952	.051	

Correlations: (Group number 1 - Default model)

			Estimate
Income	<-->	Education	.485

Variances: (Group number 1 - Default model)

	Estimate	S.E.	C.R.	P	Label
Income	2.562	.810	3.162	.002	
Education	.027	.008	3.162	.002	
e1	382.736	121.032	3.162	.002	

[그림 4-10] Amos 결과창

결과 해석 Amos 프로그램으로 분석한 결과, 독립변수 중에서 Education 변수가 Sig.=0.000 < α=0.05에서 통계적으로 유의한 것을 알 수 있다. 독립변수 중에서 Income 변수는 유의하지 못하며(p값=0.490 > α=0.05), Education 변수는 유의함(Sig=0.000 < α=0.05)을 알 수 있다. 이를 통해 교육정도가 1단위 높아지면 SAT점수가 136.022점 증가할 것으로 예측할 수 있다. 여기서는 교육정도가 SAT에 큰 영향을 미치는 변수임을 알 수 있다.

연습문제

1 다음을 SPSS syntax창에서 실행하고 결과를 설명해보자.

```
matrix data variables = rowtype_ ses iq am gpa
/ format = lower diagonal.
begin data.
mean 0.0 0.0 0.0 0.0
stddev 2.10 15.00 3.25 1.25
n 300 300 300 300
corr 1.00
corr .30 1.00
corr .410 .160 1.00
corr .330 .570 .500 1.00
end data.
regression matrix = in(*)/ dep am/ enter ses iq.
regression matrix = in(*)/ dep gpa/ enter ses iq am.
```

여기서 ses는 사회경제적 지위(socioeconomic status)

iq는 지능지수(intelligence quotient)

am은 성취동기(achievement motivation)

2 앞 1번의 내용을 R 프로그램에서 실행해보자.

```
library(lavaan)

library(semTools)

library(semPlot)

Bagcor.str <- '
1.000
 .300 1.000
 .410   .160 1.000
 .330   .570   .500 1.000'
varnames<-c("ses", "iq", "am", "gpa")

Bagcor<-getCov(Bagcor.str,names=varnames)

round(Bagcor,4)

Bag.model<-'# variable~variable
am ~ ses + iq
gpa ~ ses + iq + am'
round(Bagcor,4)

Bag.out1<-sem(Bag.model, sample.cov=Bagcor,sample.nobs=300)

summary(Bag.out1)

fitmeasures(Bag.out1)

summary(Bag.out1, standardized = TRUE)

semPaths(Bag.out1, "std", edge.label.cex =1, curvePivot = TRUE)
```

(데이터 corr.R)

분석 초반에는 시련이 있을 수 있다. 그것은 훈련 과정에 따르는 필수적 단계이므로 견뎌내야 한다. 훈련 이후에는 평화와 의로움이 뒤따를 것이다.

5장

경로분석

1. 경로분석의 개념을 이해한다.
2. 경로분석의 기본 가정을 이해한다.
3. 경로분석 결과를 제대로 해석할 수 있다.
4. 매개분석과 조절분석을 완벽하게 이해한다.
5. 조건부 프로세스 분석을 세밀하게 이해할 수 있다.

1 경로분석 개념

경로분석(path analysis)은 연구자나 이해관계자가 관심을 갖고 있는 현상의 원인과 결과로 생각되는 원인변수와 결과변수의 관계를 분석하는 방법이다. 경로분석은 회귀분석을 연장한 방법으로, 다양한 독립변수와 종속변수의 관계를 분석할 수 있다. 일반 통계 프로그램에서는 독립변수가 여러 개이고 종속변수가 하나인 경우에만 회귀분석이 가능하고, 복잡한 연구모형의 분석은 2단계 최소자승법(2-Stage Least Squared)을 이용할 수 있다. 2단계 최소자승법은 회귀분석을 연속적으로 이용하는 방법이다. 경로분석은 회귀분석을 대체하는 것이 아니라 보완해주는 분석방법이다. 반면에 구조방정식모델 분석 프로그램에서는 독립변수가 여러 개이고 종속변수도 여러 개인 경우에 분석이 가능하다. 이러한 이유로 경로분석을 동시방정식모형(Simultaneous Equation Model)이라고도 부른다. 동시방정식모형은 4장에서 다룬 회귀분석의 묶음이라고 할 수 있다.

연구자는 논리적인 배경과 경험적인 사실에 의해서 경로분석 모형을 구축하는 것이 중요하다. 경로분석 모형 구축에서 심각하게 고민해봐야 할 사항은 변수 간의 시간적인 우선순위가 명징해야 한다는 사실이다. 경로분석에서 측정변수 간의 경로를 설정할 때는 하나하나에 혼신의 힘을 쏟아야 한다. 아무리 좋은 분석결과가 나왔다고 하더라도 논리적인 구조가 엉성하면 훌륭한 연구로 인정받을 수 없다. 연구자는 책읽기와 논문읽기를 통해서 이론을 축적하고 실생활의 경험을 통해서 탄탄한 경로분석 모형을 구축해야 한다.

이렇게 구축한 연구모형을 실증분석하려면 우선 직접조사를 실시해야 한다. 이를 위해서는 설문지를 작성하여야 한다. 회귀분석의 연장인 경로분석에서는 양적(등간척도, 비율척도) 독립변수와 양적 종속변수(등간척도, 비율척도)를 이용한다.

사실, 경로분석이 차이분석(t검정, 분산분석, 카이스퀘어 검정)에 비해서 강력한 이유는 각 변수의 전후관계를 계산할 수 있기 때문이다. 경로분석은 누구나 용이하게 접근할 수 있어 생각보다 그 이상의 강력한 힘을 발휘한다. 연구자는 실증자료를 자신이 구상하는 연구모형과 연결하면 된다. 경로분석을 통해 연구자는 경로 간의 상대적인 크기를 알 수 있다. 그리고 경로 간의 상대적인 크기로 의사결정을 보다 용이하게 할 수 있다.

경로분석에는 공분산행렬이나 상관행렬 자료가 이용된다. 공분산행렬은 편차제곱의 합을 말하며, 상관행렬은 공분산을 해당 변수의 표준편차로 나눈 값이다. 즉 상관행렬에 나타난 상관계수는 공분산을 표준화한 값이라고 생각하면 된다. 표준화한 값의 평균은 0이고 표준편차는 1이다.

앞에서 잠시 설명한 경로분석의 예를 연구모형과 연구가설로 나타낼 수 있다. 연구모형 (research model)은 연구자가 탄탄한 이론이나 경험지식을 배경으로 구축한 그림, 수학적인 식, 잠정적인 표현에 해당한다. 연구가설은 잠정적인 진술에 해당하는 것으로, 변수에서 변수로 연결한 화살표 순서대로 언어로 나타내면 된다. 예를 들어, 어느 연구자가 대학생들의 고등학교 때 성취도(성적, IQ, 동기부여 정도)가 대학교 때 학업성취도(선택학점, 필수학점)에 어떠한 영향을 미치는지 관심을 갖고 연구하고 있다고 하자. 이 연구를 위해서 다음과 같은 연구모형과 연구가설을 설정할 수 있다.

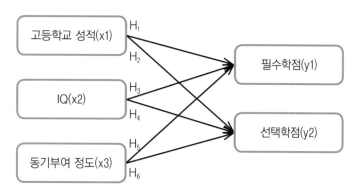

[그림 5-1] 대학생 학업성취 연구모형

- 연구가설1(H_1) : 고등학교 성적은 필수학점에 유의한 영향을 미칠 것이다.
- 연구가설2(H_2) : 고등학교 성적은 선택학점에 유의한 영향을 미칠 것이다.
- 연구가설3(H_3) : IQ는 필수학점에 유의한 영향을 미칠 것이다.
- 연구가설4(H_4) : IQ는 선택학점에 유의한 영향을 미칠 것이다.
- 연구가설5(H_5) : 동기부여 정도는 필수학점에 유의한 영향을 미칠 것이다.
- 연구가설6(H_6) : 동기부여 정도는 선택학점에 유의한 영향을 미칠 것이다.

2 경로분석 기본 가정

경로분석은 네 가지 기본 가정에서 출발한다. 첫째, 변수들 간의 연결(구조)은 선형적 (linear)이고 부가적(additive)이다. 이는 변수들 간의 연결구조는 직선적이고, 다음 변수 의 경로계수는 앞 변수의 영향력을 받는다는 것을 의미한다. 둘째, 경로분석에서는 하나 의 측정변수가 잠재요인이 된다. 하나의 측정변수가 여러 측정변수를 대변하는 잠재요인 임을 가정하는 것이다. 셋째, 경로분석에서는 측정오차가 없다. 경로분석에서는 측정오차 가 없음을 가정하기 때문에 측정오차 사이의 상관성도 없다. 측정오차는 연구자가 추상 적인 설문지를 만드는 경우에 발생한다. 추상적 설문지에는 응답자들이 부정확한 답변을 할 가능성이 높기 때문에 연구자는 제대로 된 설문지를 제작해야 한다. 즉 변수의 측정이 완벽해야 한다. 넷째, 변수와 변수의 연결 경로는 전진 방향이고 후행하는 경로 연결은 없 다. 변수 간의 연결은 앞 방향으로 진행하며, 화살표로 연결하고, 후행하는 경우는 없다. 이는 한번 진행한 화살표는 역방향으로 진행할 수 없음을 의미한다.

3 매개분석과 조절분석

경로분석에서는 매개분석과 조절분석 등이 포함될 경우가 많다. 매개분석과 조절분석은 연구모델 주변 조건과 메커니즘에 관한 연구가설과 증거를 설정하는 데 유용하게 이용된 다. 연구자는 언제나 현상을 제대로 알고 싶어 한다. 'x가 y에 얼마나(how) 영향을 미치는 지'뿐만 아니라 'x가 y에 언제(when) 영향을 미치는지'도 알고 싶어 한다. 이에 대해 명확 히 답변할 수 있을 때 현상을 제대로 설명할 수 있다는 것을 안다. x가 y에 영향을 주는 인과적인 모델에서 '얼마나'의 문제는 정신적·인지적·생물학적 프로세스와 관련이 있다. 반면에 주변 상황이나 사람의 유형을 포함하며 x가 y에 영향을 주는 '언제'의 문제를 규 명하는 것도 중요하다. 즉 연구자는 어떤 상황에서 x가 y에 영향을 미치고, 어떤 유형의 사람들이 x변수와 y변수 사이에서 영향을 미치지 않는지를 확인할 수 있다.

3-1 매개모델

연구자의 목표는 x와 y 사이에서 중재변수가 1개 또는 2개 이상 개입되었을 때, x의 영향력이 어느 정도인지를 검증하는 것이다. 이때 중재변수(intervening variable) m을 매개변수(mediator variable)라고 한다. 즉 x가 y에 영향을 미치는 메커니즘으로 개념화될 때, 여기서 m이 중재변수가 된다. 여기서 x의 변동은 1개 또는 2개 이상의 매개변수(m)의 원인이 되고 y에도 영향을 미치게 된다. 매개모델을 개념화할 때 믿음(belief) → 태도(attitude) → 행동(behavior)의 작동원리를 생각하면서 형상화하는 것이 유리하다. 매개모델을 그림으로 표현하면 다음과 같다.

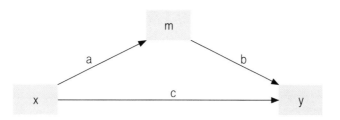

[그림 5-2] 매개모델

위 그림에서 y에 대한 x의 영향력 'c'를 직접효과(direct effect)라고 부른다. 그리고 x로부터 m을 통해 y로 전달되는 영향력 'ab'를 간접효과(indirect effect)라고 부른다. 이때 연구자의 관심은 직접효과와 간접효과에 대한 가설을 양적화하고 분석하는 것이다.

3-2 조절모델

연구자는 연구모델에서 주변 조건을 드러내는 것을 연구 목표로 설정할 수 있다. 이 경우에는 조절모델을 사용한다. x와 y의 관계에서 제3변수나 w 변수군(群)에 의해서 관계의 크기나 부호가 좌우된다면 x와 y의 관계는 조절된 것으로 판단한다. 개념모델(conceptual model)에서 조절변수(moderation variable)는 다음 그림으로 나타낼 수 있다.

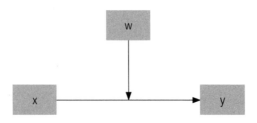

[그림 5-3] 조절모델(개념모델)

이 그림에서 x(공부시간)는 y(성적)에 영향을 미친다는 가설을 설정할 수 있다. 이는 w(의도된 몰입)에 따라 달라진다고 가설화한다면, 여기서 w는 조절변수가 되는 것이다.

통계적으로 조절분석(moderation analysis)은 x와 y의 영향관계를 나타내는 개념모델에서 조절변수 w의 선형 상호작용(linear interaction)을 검정한다. 연구자는 y에 대한 x의 영향이 w에 의해서 조절된다는 증거와 함께 측정에 의한 관계 또는 상호작용항 등으로 조절변수를 설명할 수 있다. [그림 5-3]의 개념모델을 통계모델로 변환하면 다음과 같이 나타낼 수 있다.

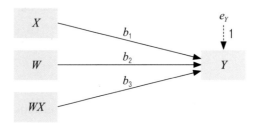

[그림 5-4] 통계모델

이를 수식으로 표현하면 다음과 같다.

$$Y = Y_i + b_1 X + b_2 W + b_3 WX + e_Y \qquad \text{(식 5-1)}$$

이를 X로 정리하면 다음과 같이 나타낼 수 있다.

$$Y = Y_i + (b_1 + b_3 W) X + b_2 W + e_Y \qquad \text{(식 5-2)}$$

여기서 $(b_1 + b_3 W)$를 Y에 대한 X의 조건부 효과(conditional effect)라고 부른다.

4 | 조건부 프로세스 분석

변수(variable)는 고찰되는 상황과 검증하는 통계분석방법에 따라 매개변수와 조절변수가 될 수 있다. 사회적·경제적 상황이 하루가 다르게 변화하는 사회에서 매개변수나 조절변수만 포함된 연구모델로 사회현상을 설명하기에는 한계가 있다. 이러한 상황에서 최근에는 매개된 조절(mediated moderation), 조절된 매개(moderated mediation), 조건부 간접효과(conditional indirect effect) 관련 연구물이 속속 발표되고 있다. 조건부 프로세스 분석(conditional process analysis)은 사회 심리학, 의료 심리학, 발달 심리학, 진단 심리학, 정신과학, 인지 심리학, 인지 정신학, 사회학, 여성학, 공공 행정, 생물 병리학, 뇌과학, 경영, 마케팅 등 다양한 분야에서 두루 사용되고 있다. 그러나 연구 결과물들을 살펴보면 아직 연구모델 설정이나 분석, 해석상에 오류가 많아 연구자들이 혼란스러워하기도 한다. 본 장에서는 조건부 프로세스 분석을 올바르게 설명함으로써 연구자들이 연구의 기본을 탄탄하게 다지는 데 도움을 드리고자 한다.

조건부 프로세스 분석은 앞에서 설명한 매개효과와 조절효과가 연구모델에 동시에 조합된 경우를 말한다. 조건부 프로세스 분석의 목표는 한 변수가 다른 변수에 미치는 영향에 의해서 변화하는 주변적인 메커니즘과 메커니즘의 주변 조건을 설명하는 것이다. 그리하여 조건부 프로세스 분석은 인과시스템에서 y에 대한 x의 직접효과와 간접효과의 조절 성분을 포함하는 조건 상황의 해석과 추정에 초점을 둔다.

조건부 프로세스 분석의 절차는 다음과 같다.

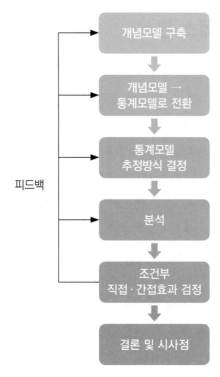

[그림 5-5] 조건부 프로세스 분석 절차

먼저, 분석자는 탄탄한 이론적 배경과 경험을 토대로 개념모델을 구축해야 한다. 그런 다음 구축된 개념모델을 통계모델로 전환해야 하는데, 이는 지금까지 나와 있는 어떠한 프로그램도 조건부 프로세스 분석과 관련된 개념모델을 곧바로 분석할 수 없기 때문에 필요하다. 이어서 분석자는 통계모델 분석방법(부트스트래핑 횟수 및 방법)을 정하고 분석을 실시해야 한다. 그리고 조건부 직접효과와 간접효과 검정을 실시해야 한다. 비현실적인 결과가 도출될 경우, 분석자는 피드백 과정을 거쳐 체계적이고 과학적인 분석결과를 도출하도록 노력해야 한다. 끝으로, 차별적인 결론 및 시사점을 도출해야 하는데 이는 조건부 프로세스 분석에서 중요한 과정이다.

다음은 기업가가 느끼는 경제적인 스트레스(economic stress)가 낙담(depressed affect)과 기업가 정신 퇴출 의도(withdrawal intention)에 미치는 영향을 알아보기 위한 연구에 관한 것이다. 이 연구모델에서 이론배경을 토대로 사회적 관계(social tie)는 낙담과 퇴출 의도를 조절하는 것으로 설정하기로 한다(참고로 이 모델은 헤이즈 교수가 정리한 모델 8번에 해당된다). 이를 그림으로 나타내면 다음과 같다.

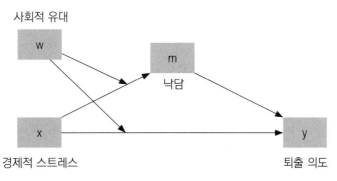

[그림 5-6] 조건부 프로세스 개념 모델

이 그림은 조절된 매개(moderated mediation), 매개된 조절(mediated moderation), 직접효과(direct effect), 첫 번째 단계 조절효과(first stage moderation effect) 등으로 불린다. 여기서 x는 m과 y에 직접적인 영향을 미치는 것으로 표시되어 있다. x(경제적 스트레스)는 m(낙담)을 유발하고 y(퇴출 의도)에도 영향을 미치는 것으로 표시되어 있다. 추가적으로 x는 m을 통해 y에 영향을 미치는 것으로 나타나 있다(x → m → y). 이 모델에서 w(사회적 유대)는 x → m, x → y에서 조절되는 것으로 나타났다. 이와 같이 w와 같은 변수가 포함된 모델을 조건부 프로세스 모델이라고 부른다.

만약 분석결과에서 w(사회적 유대)가 m(낙담)이나 y(퇴출 의도) 사이에서 부정적인 영향 관계를 줄여주는 완충역할을 하는 것으로 나타난다면, w는 y에 유의한 영향을 미친다고 해석할 수 있다.

5 개념모델과 통계모델

5-1 개념모델

강의 시간이나 아이디어를 설명하는 자리에서, 또는 개념 간 관계를 설명하는 자리에서 개념모델(conceptual diagram)을 도식화해 편리하게 사용할 수 있다. 개념모델은 변수 사이의 관계를 나타내는 것으로, 여기서 화살표 방향은 원인변수의 흐름이 어떤 결과변수로 향하는지를 나타낸다. 개념모델은 단지 관계에 관한 아이디어(변수 사이의 원인, 비원인, 또는 조절)를 전달한다. 개념모델은 수학적인 방정식을 의미하지 않기 때문에 구조방정식 모델링(Structural Equation Modeling)의 경로도형과 다를 수 있다. 다음 그림은 x변수와 y변수 사이에서 조절변수 w를 개념모델로 표시한 것이다.

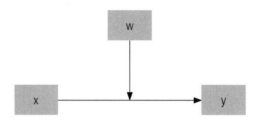

[그림 5-7] 개념모델

5-2 통계모델

통계모델(statistical diagram)은 개념모델과 일치하는 시각적인 형태로 방정식 세트를 나타낸다. 통계모델은 개념모델상에서 영향이 얼마나 나타나는지, 선형회귀모델과 같은 수학적인 모델에 의해 실제적으로 측정되는지를 시각적으로 표현한다. 앞에서 본 [그림 5-6]에 나타난 개념모델을 통계모델로 나타내면 다음과 같다.

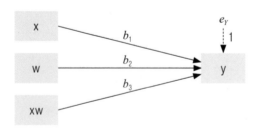

[그림 5-8] 통계모델

통계모델에서 사각형 박스는 측정변수(measured variable)나 변수로 표시한다. 일방향 화살표는 원인이 되는 변수에서 결과변수로의 영향관계를 나타낸다. 화살표가 출발하는 변수를 선행변수(antecedent variable)라고 부르고, 화살촉이 도착하는 변수는 결과변수

(consequence variable, outcome variable)라고 부른다. 선행변수는 독립변수(independent variable), 예측변수(predictor variable)와 동의어로 사용된다. 결과변수는 종속변수(dependent variable)와 동일하게 사용된다.

개념모델에서 선행변수와 결과변수는 구조방정식모델링에서 각각 외생변수(exogenous variable)와 내생변수(endogenous variable)로 불리기도 한다. 내생변수가 여러 개 있는 복잡한 구조방정식모델에서는 한 내생변수에서 또 다른 내생변수로 영향을 미칠 수 있어 내생변수가 원인변수이며 동시에 외생변수가 될 수도 있다.

앞에 나타낸 통계모델에서 x, w, xw는 선행변수이다. 화살촉이 향하는 y는 결과변수가 된다. 앞의 통계모델은 다음과 같은 수학식으로 나타낼 수 있다.

$$y = i_y + b_1 x_1 + b_2 w + b_3 xw + e_y \qquad \text{(식 5-3)}$$

식에서 보는 바와 같이 통계모델에서 결과변수는 선행변수로부터 완벽하게 설명될 수 없기 때문에 오차(error)를 포함한다. 오차항에서 내생변수로 향하는 것은 화살표로 표시된다. 오차항은 통계모델에서 e로 표시된다. 오차항에 표시된 하부체는 해당 변수명과 일관되게 부착한다. 오차항의 경로계수는 항상 '1'이 주어진다. 이유는 오차항 앞에 항상 '1'이 오기 때문이다. 이는 다음 식에서 확인할 수 있다.

$$y = i_y + b_1 x_1 + b_2 w + b_3 xw + 1 e_y \qquad \text{(식 5-4)}$$

엄밀하게 말하면, 데이터 분석은 원인 주장을 증명하거나 설명하는 데 사용될 수 없다. 데이터 분석은 제안된 연구모델이 통계모델에서 원인 프로세스와 어느 정도 일치하는지를 결정하는 데 사용된다. 따라서 연구자는 연구모델상에서 직접효과, 간접효과, 조건부 효과, 비조건부 효과 등의 검증을 확실히 해서 자신의 주장을 공고히 할 수 있다.

매개모델, 조절모델, 조건부 프로세스 모델

- 매개모델(mediation model): x가 y에 어떻게(how) 영향을 미치는가에 관한 문제를 다룬다.

- 조절모델(moderation model): x가 y에 언제(when) 영향을 미치는가에 관한 문제를 다룬다.

- 조건부 프로세스 모델(conditional process model): 매개모델과 조절모델이 조합된 모델이다.

6 예제

예제 지역 음식점 주인들이 경영환경 변화로 고민하고 있다. 경쟁 정도(x, competition)가 심해지면서 낙심하고(m, discouragement) 폐업(y) 검토(bi)를 고민하는 경영주도 늘고 있다. A지역 음식점 주인 300명을 조사하여 이에 관한 연구모델분석을 실시해보기로 하자(데이터 ch5.csv). 이 연구모델은 헤이즈 교수가 정리한 4번 모델에 해당하며 다음 그림과 같다.

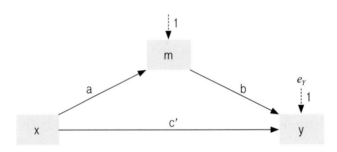

[그림 5-9] 연구모델

참고로 위 연구모델은 다음과 같은 식으로 나타낼 수 있다.

$$m = i_m + aX + e_m \qquad\qquad \text{(식 5-5)}$$

$$y = i_y + c'X + bm + e_y \qquad\qquad \text{(식 5-6)}$$

6-1 SPSS PROCESS macro로 분석하기

1단계: SPSS상에서 ch5.csv 데이터를 불러온다.

2단계: syntax창에서 process.sps 파일을 불러온 후 Run → All 단추를 눌러 실행한다.

3단계: 아래와 같은 명령문을 작성한 후 실행한다.

```
process y=bi/x=comp/m=dis/total=1/model=4/seed=100770.
```

[그림 5-10] PROCESS 명령어

```
Run MATRIX procedure:

*************** PROCESS Procedure for SPSS Version 3.2.01 *****************

          Written by Andrew F. Hayes, Ph.D.        www.afhayes.com
     Documentation available in Hayes (2018). www.guilford.com/p/hayes3

**************************************************************************
Model  : 4
    Y  : bi
    X  : comp
    M  : dis

Sample
Size:  300

Custom
Seed:     100770

**************************************************************************
OUTCOME VARIABLE:
 dis

Model Summary
          R        R-sq        MSE          F        df1        df2          p
      .3252       .1057       .4314    35.2332     1.0000   298.0000       .0000

Model
                coeff          se          t          p       LLCI       ULCI
constant       1.2145       .1299     9.3491       .0000       .9589     1.4702
comp(a)         .1697       .0286     5.9358       .0000       .1135      .2260

**************************************************************************
OUTCOME VARIABLE:
 bi
Model Summary
          R        R-sq        MSE          F        df1        df2          p
      .3667       .1345     1.1745    23.0676     2.0000   297.0000
.0000
Model
                coeff          se          t          p       LLCI       ULCI
constant       1.1977       .2438     4.9135       .0000       .7180     1.6775
comp()        -.0830       .0499    -1.6633       .0973      -.1812      .0152
dis(b)          .6469       .0956     6.7685       .0000       .4588      .8350
```

```
************************** TOTAL EFFECT MODEL ***************************
OUTCOME VARIABLE:
 bi

Model Summary
         R       R-sq        MSE          F        df1        df2          p
     .0307      .0009     1.3511      .2809     1.0000   298.0000      .5965

Model
              coeff         se          t          p       LLCI       ULCI
constant     1.9835      .2299     8.6275      .0000     1.5310     2.4359
comp(c)       .0268      .0506      .5300      .5965     -.0728      .1264

************* TOTAL, DIRECT, AND INDIRECT EFFECTS OF X ON Y **************
Total effect of X on Y
     Effect         se          t          p       LLCI       ULCI
     .0268(c)     .0506      .5300      .5965     -.0728      .1264

Direct effect of X on Y
     Effect         se          t          p       LLCI       ULCI
    -.0830()     .0499    -1.6633      .0973     -.1812      .0152

Indirect effect(s) of X on Y:
           Effect     BootSE   BootLLCI   BootULCI
dis(ab)     .1098      .0256      .0647      .1644

********************** ANALYSIS NOTES AND ERRORS ***********************

Level of confidence for all confidence intervals in output:
  95.0000
Number of bootstrap samples for percentile bootstrap confidence
intervals:
  5000

------ END MATRIX -----
```

[그림 5-11] SPSS PROCESS macro 분석결과

[표 5-1] 경로계수

선행변수		결과변수						
		m(dis)				Y(BI)		
		회귀계수	표준오차 (SE)	p		회귀계수	표준오차 (SE)	p
X(comp)	a	.1697	.0286	〈 .0000	c′	−.0830	.0499	.0973
M(dis)					b	.6469	.0956	.0000
상수항 (constant)	i_m	1.2145	.1299	〈 .0000	i_Y	1.1977	.2438	.0000
		$R^2 = .1057$ F(1, 295) = 35.2332, p 〈 0.000				$R^2 = .1345$ F(2, 297) = 23.0676, p 〈 0.000		

결과 해석 분석결과를 토대로 추정 회귀식을 만들면 다음과 같다.

$$\hat{m} = 1.2145 + 0.1697X$$
$$y = 1.1977 - 0.0830X + 0.6469m$$

ab는 간접효과로 0.1098(0.1697*0.6469)이다. 이 간접효과는 부트스트랩 신뢰구간 (95%)[.0647 .1644]에 0을 포함하고 있지 않아 귀무가설(간접효과는 통계적으로 유의하지 않다)을 기각하고 연구가설을 채택함을 알 수 있다.

H_0: 간접효과는 통계적으로 유의하지 않다, $ab = 0$
H_1: 간접효과는 통계적으로 유의하다, $ab \neq 0$

6-2 R 프로그램으로 분석하기

```
ch5=read.csv("D:/2018/data/ch5.csv")
library(lavaan)
library(psych)
library(MBESS)
pairs(ch5)
model<-"a path
dis ~ a*comp

# b path
bi ~ b * dis

# c prime path
bi ~ cp * comp

# indirect and total effects
ab := a * b
total := cp + ab"

set.seed(1234)

fit <-sem(model, data=ch5, se = "bootstrap", bootstrap = 10000)
summary(fit, standardized = TRUE, fit.measures = TRUE)
parameterestimates(fit, boot.ci.type = "bca.simple", standardized = TRUE)
with(ch5, mediation(x = comp, mediator = dis, dv = bi, bootstrap = TRUE, which.
boot = "BCa", B = 10000))
with(ch5, mediation.effect.plot(x = comp, mediator = dis, dv = bi, ylab =
"Behavior intention", xlab = "level of discouragement"))
```

[그림 5-12] R 명령문 (데이터 ch5.R)

```
lavaan 0.6-3 ended normally after 15 iterations

  Optimization method                           NLMINB
  Number of free parameters                          5

  Number of observations                           300

  Estimator                                         ML
  Model Fit Test Statistic                       0.000
  Degrees of freedom                                 0
  Minimum Function Value              0.0000000000000
```

```
Model test baseline model:

  Minimum Function Test Statistic           76.843
  Degrees of freedom                             3
  P-value                                    0.000

User model versus baseline model:

  Comparative Fit Index (CFI)                1.000
  Tucker-Lewis Index (TLI)                   1.000

Loglikelihood and Information Criteria:

  Loglikelihood user model (H0)           -746.862
  Loglikelihood unrestricted model (H1)   -746.862

  Number of free parameters                      5
  Akaike (AIC)                            1503.724
  Bayesian (BIC)                          1522.243
  Sample-size adjusted Bayesian (BIC)     1506.386

Root Mean Square Error of Approximation:

  RMSEA                                      0.000
  90 Percent Confidence Interval      0.000  0.000
  P-value RMSEA <= 0.05                          NA

Standardized Root Mean Square Residual:

  SRMR                                       0.000

Parameter Estimates:

  Standard Errors                        Bootstrap
  Number of requested bootstrap draws        10000
  Number of successful bootstrap draws        9998
```

[그림 5-13] 적합지수

결과 해석 전반적인 적합지수가 나타나 있다. R 프로그램의 측정(Estimator)은 최대우도법(Maximum Likelihood, ML) 방식에 의해 이루어졌다는 뜻이다. 최대우도법은 모수에 대한 확률밀도함수 f(x, θ)와 관련된 우도함수(likelihood function)로 나타낼 수 있다.

$$L(\theta) = \prod_{i=1}^{n} f(x_i, \theta)$$

(식 5-7)

최대우도법은 확률표본 x가 우도함수를 최대로 하는 모수(θ)를 추정하는 방법이다. 최대우도법에 의해서 산출되는 추정량은 일치성과 충분성을 갖는다.

```
Regressions:
                     Estimate  Std.Err  z-value  P(>|z|)  Std.lv  Std.all
  dis ~
    comp     (a)      0.170    0.029    5.831    0.000    0.170   0.325
  bi ~
    dis      (b)      0.647    0.096    6.747    0.000    0.647   0.386
    comp     (cp)    -0.083    0.052   -1.608    0.108   -0.083  -0.095

Variances:
                     Estimate  Std.Err  z-value  P(>|z|)  Std.lv  Std.all
    .dis              0.429    0.028   15.525    0.000    0.429   0.894
    .bi               1.163    0.083   13.927    0.000    1.163   0.866

Defined Parameters:
                     Estimate  Std.Err  z-value  P(>|z|)  Std.lv  Std.all
    ab                0.110    0.026    4.219    0.000    0.110   0.126
    total             0.027    0.053    0.509    0.611    0.027   0.031
```

```
> parameterestimates(fit, boot.ci.type = "bca.simple", standardized = TRUE)
    lhs op  rhs label    est    se       z pvalue ci.lower ci.upper std.lv std.all
1   dis  ~  comp    a  0.170 0.029   5.831  0.000    0.111    0.225  0.170   0.325
2    bi  ~  dis     b  0.647 0.096   6.747  0.000    0.455    0.830  0.647   0.386
3    bi  ~  comp   cp -0.083 0.052  -1.608  0.108   -0.183    0.018 -0.083  -0.095
4   dis ~~  dis       0.429 0.028  15.525  0.000    0.378    0.486  0.429   0.894
5    bi ~~  bi        1.163 0.083  13.927  0.000    1.014    1.344  1.163   0.866
6  comp ~~  comp      1.758 0.000     NA     NA     1.758    1.758  1.758   1.000
7   ab :=  a*b    ab  0.110 0.026   4.219  0.000    0.065    0.167  0.110   0.126
8 total := cp+ab total 0.027 0.053  0.509  0.611   -0.079    0.129  0.027   0.031
   std.nox
1    0.245
2    0.386
3   -0.072
4    0.894
5    0.866
6    1.758
7    0.095
8    0.023
```

[그림 5-14] 회귀계수 및 부트스트래핑 결과

결과 해석 각 경로별 회귀계수와 관련 통계량이 결과물로 나타나 있다. 경쟁상황(comp)이 격화되면 낙심(dis) 정도가 높아지고 낙심은 다시 폐업의도(bi)를 가져오는 것으로 나타났다. 경쟁 격화는 기업가 정신을 약화시켜 폐업의도를 높이고 있음을 알 수 있다. 간접효과 ab=0.110의 신뢰구간 [0.065 0.167]은 0을 포함하고 있지 않아 α=0.05에서 유의한 것으로 나타났다. 경쟁상황(comp)의 폐업의도(bi)에 대한 총효과는 직접효과와 간접효과의 합이다(c=cp+ab=−0.083+0.110=0.027). 경쟁 정도 1단위의 변화는 폐업의도 0.027

차이를 가져오는 것으로 나타났다. 양의 부호(+)는 경쟁상황이 극심함을 느끼는 음식점 점주는 높은 폐업의도를 가진다는 것을 나타낸다. 그러나 이 효과는 $z=0.886$, $p=0.376$ 또는 95% 신뢰구간 [-0.079 0.129]에 0을 포함하고 있어 유의하다고 할 수 없다. 즉 'H_0: $ab=0$이다'라는 귀무가설을 채택하고 'H_1: $ab \neq 0$이다'라는 연구가설은 기각한다.

	Estimate	CI.Lower_BCa	CI.Upper_BCa
Indirect.Effect	0.10981188	6.530937e-02	1.677595e-01
Indirect.Effect.Partially.Standardized	0.09458720	5.630185e-02	1.433495e-01
Index.of.Mediation	0.12563930	7.459121e-02	1.915333e-01
R2_4.5	-0.00712064	-3.456422e-02	1.980831e-02
R2_4.6	0.01412955	5.283867e-03	3.075120e-02
R2_4.7	0.10508986	4.848730e-02	1.786816e-01
Ratio.of.Indirect.to.Total.Effect	4.09402351	1.228704e+00	3.753337e+03
Ratio.of.Indirect.to.Direct.Effect	-1.32320375	-1.739696e+01	1.940602e+00
Success.of.Surrogate.Endpoint	0.15802190	-5.897477e-01	6.885045e-01
Residual.Based_Gamma	-0.02108695	-4.786813e-02	2.973145e-03
Residual.Based.Standardized_gamma	-0.02257395	-5.074555e-02	3.350249e-03
SOS	-7.56081584	-2.731185e+04	9.780528e-01

[그림 5-15] 중앙값 기준 bias-corrected bootstrapped confidence 결과

결과 해석 중앙값 기준 bias-corrected bootstrapped confidence의 추정치(Estimate) 와 신뢰구간 등 각종 통계량이 계산되어 나타나 있다.

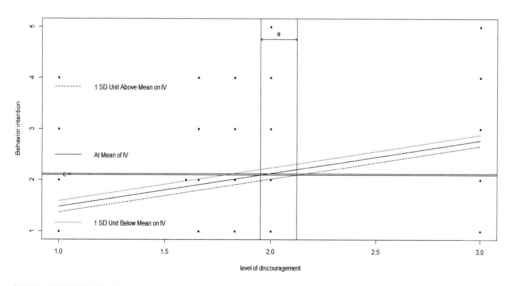

[그림 5-16] 매개효과 도표

결과 해석 제안된 선행변수(경쟁상황, comp)의 상이한 수준에 따른 매개변수(낙심, dis)와 성과변수(폐업의도, bi)를 나타내고 있다.

6-3 Amos 프로그램으로 분석하기

1단계: Amos 프로그램에서 다음과 같은 경로도형을 그린다. 이어 데이터(ch5.csv)를 연결한다.

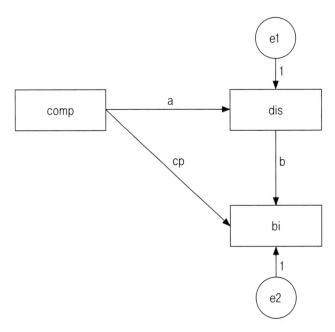

[그림 5-17] Amos 경로도형 (데이터 ch5.amw)

2단계: 왼쪽 하단의 Not estimating any user-defined estimand. 단추를 누른다. 이어 Define new estimands를 누른다. 이어 다음과 같은 명령문을 작성한다.

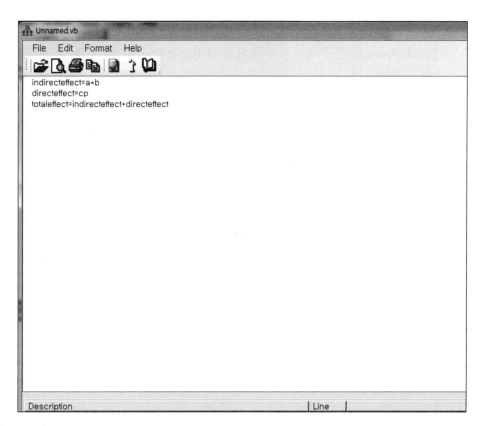

[그림 5-18] 사용자 정의창

3단계: File → Check Syntax를 눌러 명령문에 오류가 없는지 확인한다. 'Syntax is OK' 라는 문구를 확인한 다음 File → Save As... 단추를 눌러 ch5.simpleEstimand로 저장한다.

4단계: View → output창을 선택한다. 여기서 indirect, direct & total effect를 지정한다. 이어 Bootstrap창을 선택하고 다음과 같이 Perform bootstrap, Bias-corrected confidence intervals를 지정한다.

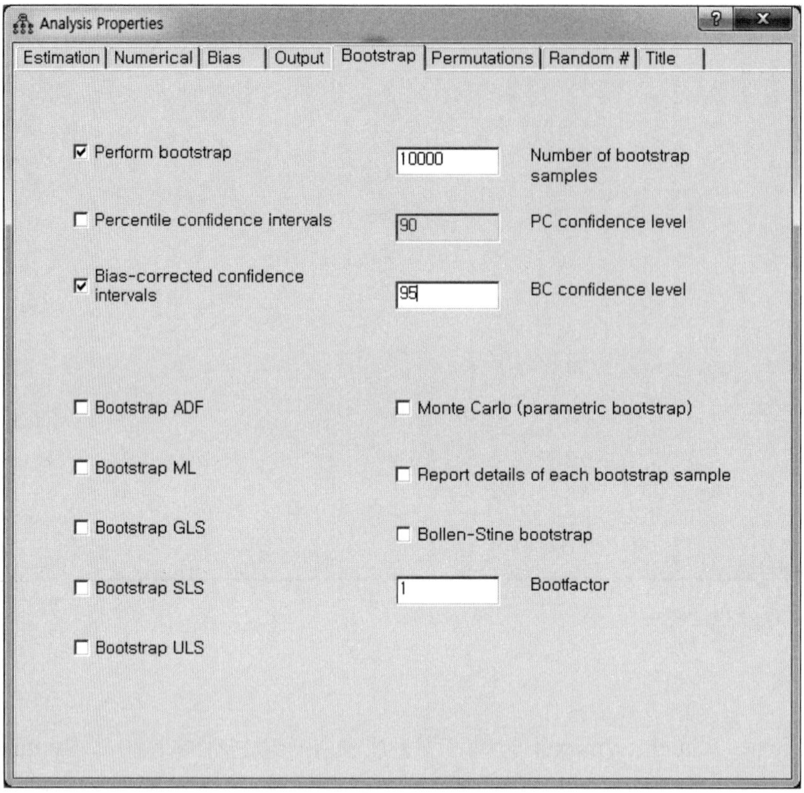

[그림 5-19] Bootstrap 지정창

5단계: ▦(Calculate estimate) 단추를 눌러 실행한다. 이어 View → Text output 단추를 이용하여 결과를 확인한다.

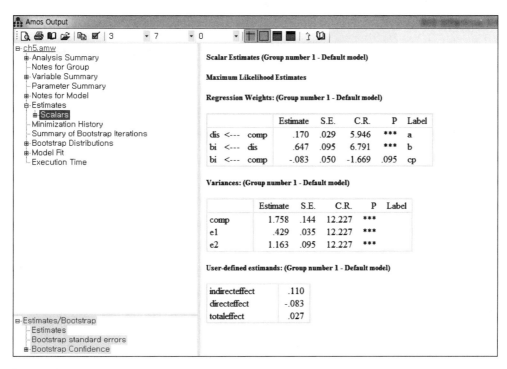

[그림 5-20] 경로계수

결과 해석 각 경로별 비표준화 계수와 C.R., 확률값(p)이 나타나 있다. User-defined estimands: (Group number 1 – Default model) 칸에는 간접효과, 직접효과, 총효과가 나타나 있다.

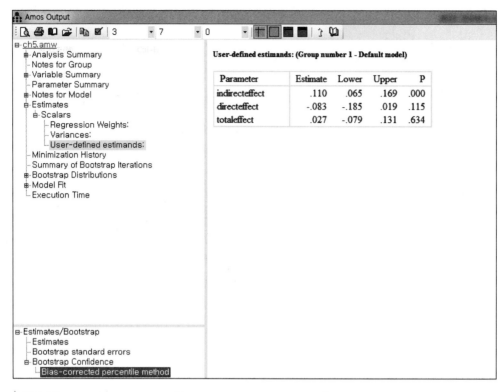

[그림 5-21] User-defined estimands: (Group number 1 – Default model)

결과 해석 User-defined estimands: (Group number 1 – Default model) 칸에는 간접효과, 직접효과, 총효과의 경로계수와 각각의 95% 신뢰구간이 계산되어 있다. 간접효과는 신뢰구간에 0을 포함하고 있지 않아 유의하다는 것을 알 수 있다. 반면에 직접효과와 총효과는 신뢰구간(하한값, 상한값)에 0을 포함하고 있어 유의하지 않음을 알 수 있다.

연습문제

1 매개모델을 그려보고 동료들과 토론해보자.

2 1번에 해당하는 데이터를 수집해서 분석해보자.

나는 정말 중요한 것이 연습 자체란 것을 안다.
R을 배우면 논리적인 사고력이 증대된다.

6장

조건부
프로세스
분석의 기본

학습목표

1. 조건부 프로세스 분석의 기본 개념을 이해한다.
2. 헤이즈 교수가 정리한 탬플릿을 보고 모델 종류를 이해한다.
3. 각 연구모델에 맞는 직접효과, 간접효과, 조건부 간접효과,
   총효과의 개념을 이해한다.

1 조건부 프로세스 분석 정의

조건부 프로세스 분석(conditional process analysis)은 한 변수의 효과가 다른 변수에 영향을 미치는 메커니즘의 본질을 이해하고 기술하는 것이다. 조건부 프로세스 분석, 즉 조건부 프로세스 모델링(conditional process modeling)의 기본 목표는 한 변수가 다른 변수에 영향을 미치는 연구모델에서 통합적인 메커니즘의 본질을 이해하고, 조건부 효과와 같은 영향력을 계산하고 기술하는 데 있다. 조건부 프로세스 분석은 연구모델에서 문맥(context), 상황(circumstance), 개인적 차이(individual difference) 등을 고려하여 이를 분석 변수에 투입함으로써 보다 세밀하고 정교한 분석을 하기 위한 것이다.

앞부분에서 설명한 것처럼 조건부 프로세스 분석은 매개된 조절효과와 조절된 매개효과를 통합적으로 분석하는 것이다. 조건부 프로세스 분석은 연구모델상에 존재하는 변수들 간의 매개효과와 조절효과에 대하여 개별적으로 접근하는 것이 아니라 전체적인 관점에서 접근한다. 이로써 독립변수(요인)와 종속변수(요인) 사이에서 다른 변수들의 매개효과와 조절효과의 결합으로 이루어진 심리 메커니즘의 흐름을 시스템적인 관점에서 파악하고 기술한다.

조건부 간접효과(conditional indirect effect)란, 경로도형모델에서 예측변수가 매개변수를 통해 종속변수에 영향을 미치는 매개효과(간접효과)가 조절변수의 값에 따라(conditional) 달라지는 것을 말한다. 이때 조절변수(moderate variable)에는 앞에서 이야기한 문맥, 상황, 개인적 차이 등이 해당된다.

> **조건부 프로세스 분석의 목표**
> • 변수에 의해 다른 변수에 영향이 전달되는 연구모델에서 통합적인 메커니즘의 본질을 이해하고, 조건부 효과(문맥, 상황, 개인적 차이)와 같은 영향력을 계산하고 기술하는 것이다.

2 조건부 프로세스 모델

2-1 조건부 프로세스 모델 분해: Hayes 7번 모델

연구모델에서 m을 통한 y에 대한 x의 간접효과가 조절변수에 의존한다면 x와 y 간의 연결 메커니즘은 조건부(conditional)라고 명명한다. 많은 경우가 조건부에 해당할 수 있다. 예를 들어, [그림 6-1] 조건부 프로세스 모델의 왼쪽 개념모델에서 M에 대한 X의 효과는 W변수에 의해서 조절됨을 나타낸다. 이 그림은 헤이즈 교수가 정리한 template 파일의 7번 모델에 해당한다.

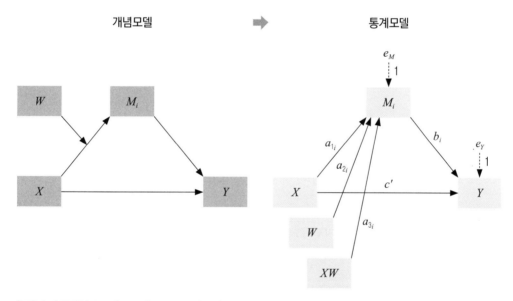

[그림 6-1] 조건부 프로세스 모델: Hayes 7번 모델

조건부 프로세스 모델에서 개념모델(conceptual model)은 통계모델(statistical diagram)로 변경하여 분석적으로 접근할 수 있다. 왼쪽 그림에서 X와 M변수 사이에는 조절변수 W가 개입된다. 이어 X와 Y 사이에는 매개변수 M이 삽입되어 있다. 또한 X는 Y에 직접적인 영향을 미치고 있다. X변수와 M변수 사이에는 조절변수 W가 있는데, 이를 통계모델로 처리하기 위해서는 X변수와 W변수를 M으로 직접 향하게 하고 X와 W의 적항

(Product, 곱하기)을 만들어서 M으로 보내면 된다. 즉 조절항을 만들면 된다. 그리고 나머지 X와 M이 Y로 향하는 화살표를 유지한 상태에서 통계분석을 실시하면 된다. 이렇게 해서 나온 오른쪽 통계모델을 기준으로 두 가지 방정식을 만들 수 있다. 하나는 결과변수 M에 대한 방정식, 또 다른 하나는 결과변수 Y에 대한 것이다.

$$M = i_M + a_1X + a_2W + a_3XW + e_M \qquad \text{(식 6-1)}$$

$$Y = i_Y + c'X + bM + e_Y \qquad \text{(식 6-2)}$$

이 모델에서 간접효과는 간단한 매개모델에서와 같이 a_1과 b의 곱으로 정의할 수 있다. X변수와 Y변수 사이의 간접경로에 해당하는 X → M 간에 W에 의해서 조절되기 때문에 간접효과는 조건부가 된다.

(식 6-1)을 X에 대하여 정리하면 다음과 같이 나타낼 수 있다.

$$M = i_M + (a_1 + a_3W)X + a_2W + e_M$$

또한 이와 동일하게 또 다른 방법으로 나타낼 수 있다.

$$M = i_M + \theta_{X \to M}X + a_2W + e_M$$

여기서 $\theta_{X \to M}$은 M에 대한 X의 조건부 직접효과이다. 이는 다음과 같이 나타낼 수 있다.

$$\theta_{X \to M} = a_1 + a_3W$$

이 모델에서 X는 W에 의존하여 M에 영향을 미치는 조건부 간접효과뿐만 아니라 Y에 영향을 미치는 직접효과를 갖는다. 또한 M을 통한 Y에 대한 X변수의 조건부 간접효과는 조건부 직접효과와 b의 곱으로 나타낼 수 있다($(a_1 + a_3W)b$). 또한 Y에 대한 X의 직접효과는 c'이다.

이 통계적 모델에서 총효과는 조건부 간접효과와 직접효과의 합으로 나타낼 수 있다.

$$\text{조건부 간접효과} = (a_1 + a_3W)b$$
$$\text{직접효과} = \quad c'$$

$$\text{총효과} \quad = (a_1 + a_3W)b + c'$$

2-2 조건부 프로세스 모델 분해: Hayes 14번 모델

다음 조건부 프로세스 모델은 M을 통한 X와 Y의 간접효과와 조절효과를 나타낸다. Y에 대한 X의 간접효과는 M → Y 사이의 W에 의한 조절을 통해 이루어지고 W에 의해 조건화됨을 나타낸다. 조건부 프로세스 연구모델을 통계모델로 나타내면 다음과 같다. 이 모델은 헤이즈 교수의 14번 모델에 해당한다.

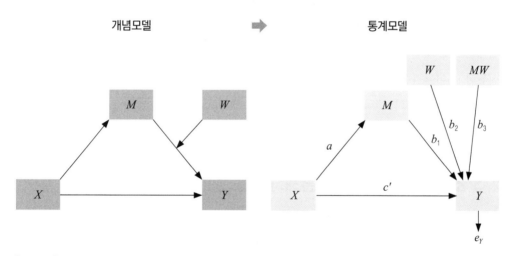

[그림 6-2] 조건부 프로세스 모델: Hayes 14번 모델

앞의 통계모델을 방정식으로 나타내면 다음과 같다.

$$M = i_M + aX + e_M \qquad\qquad\qquad \text{(식 6-3)}$$
$$Y = i_Y + c'X + b_1M + b_2W + b_3MW + e_Y \qquad\qquad \text{(식 6-4)}$$

다른 중재모델(mediation model)처럼 Y에 대한 X의 영향력은 직접경로와 간접경로를 통해서 전달된다. X와 Y의 직접효과는 M변수와 독립적으로 연결된다. M을 통한 Y에 대한 X의 간접효과는 항상 그런 것처럼 X변수로부터 M변수 간의 직접효과 성분 a와 M변수로부터 Y에 대한 경로계수의 성분의 합이다. Y에 대한 M의 효과는 b_1이 아니다. 이 모델에서 Y에 대한 M의 효과는 W의 함수이다. 앞 (식 6-4)를 다시 M에 대해서 정리하면 다음과 같다.

$$Y = i_Y + c'X + (b_1 + b_3 W)M + b_2 W + e_Y \qquad \text{(식 6-5)}$$

Y에 대한 M의 효과는 $\theta_{M \to Y} = b_1 + b_3 W$이다. 조건부 효과는 W의 함수이다. 결과적으로 M을 통한 Y에 대한 X의 간접효과는 W의 함수이다. 즉 M을 통한 Y에 대한 X의 조건부 간접효과는 $a\theta_{M \to Y} = a(b_1 + b_3 W) = ab_1 + ab_3 W$이다.

이 조건부 간접효과는 W에 의존하는 M을 통해 간접적으로 X에서의 차이들이 Y의 차이에 어떠한 영향을 미치는지 양적화하는 것이다. 만약 W의 함수로서 X의 간접효과가 체계적으로 차이가 있다고 한다면, M에 의한 Y에 대한 X의 매개효과는 W에 의해서 조절된다고 이야기한다. 이를 조절된 매개효과(moderated mediation effect)라고 부른다. 이 모델에서 직접효과는 직접 연결되어 조절되지 않았음을 알 수 있다.

2-3 조건부 프로세스 모델 분해: Hayes 28번 모델

다음으로 직접경로와 간접경로 모두에 2개의 조절효과가 표시되어 있는 경우를 알아보자. W는 M에 대한 X의 조절효과를 통해서 간접효과를 조절하고, Z는 Y에 대한 M의 조절효과를 통해서 간접효과를 조절한다. 이와 동시에 Z는 X의 직접효과를 조절한다.

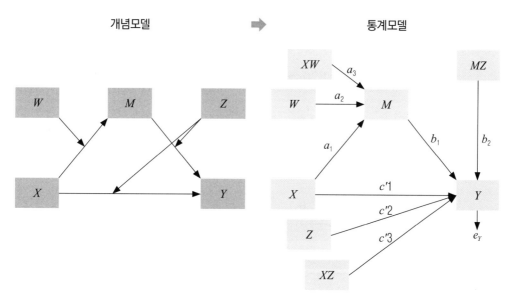

개념모델 ➡ 통계모델

[그림 6-3] 조건부 프로세스 모델: Hayes 28번 모델

오른쪽 통계모델을 식으로 나타내면 다음과 같다.

$$M = i_M + a_1X + a_2W + a_3XW + e_M \qquad \text{(식 6-6)}$$

$$Y = i_Y + c_1'X + c_2'Z + c_3'XZ + b_1M + b_2MZ + e_Y \qquad \text{(식 6-7)}$$

(식 6-6)에서 X를 괄호 밖 외항으로 정리하면 다음과 같이 나타낼 수 있다.

$$M = i_M + (a_1 + a_3W)X + a_2W + e_M$$

여기서 M에 대한 X의 조건부 효과($\theta_{X \to M}$) $= a_1 + a_3W$이다.

(식 6-7)에서 M을 괄호 밖 외항으로 정리하면 다음과 같이 나타낼 수 있다.

$$Y = i_Y + c_1'X + c_2'Z + c_3'XZ + (b_1 + b_2Z)M + e_Y$$

여기서 Y에 대한 M의 조건부 효과($\theta_{M \to Y}$) $= b_1 + b_2Z$이다.

M을 통한 Y에 대한 X의 효과는 앞 두 조건부 효과의 곱이다. 이 조건부 간접효과는

다음과 같이 정의할 수 있다.

$$\theta_{X \to M} \theta_{M \to Y} = (a_1 + a_3 W)(b_1 + b_2 Z) = a_1 b_1 + a_1 b_2 Z + a_3 b_1 W + a_3 b_2 WZ$$

X의 간접효과는 조절변수 W와 Z의 함수이다. 그러나 X의 직접효과는 Z에 의해서 조절되기 때문에 X의 직접효과는 Z의 함수이다.

$$\theta_{X \to Y} = c_1' + c_3' Z$$

여기서 총효과는 조건부 직접효과와 간접효과의 합이기 때문에 다음과 같이 나타낼 수 있다.

$$\text{직접효과} = c_1' + c_3' Z$$
$$\text{간접효과} = (a_1 + a_3 W)(b_1 + b_2 Z)$$
$$\text{--}$$
$$\text{총효과} = (c_1' + c_3' Z) + \{(a_1 + a_3 W)(b_1 + b_2 Z)\}$$

2-4 조건부 프로세스 모델 분해: 병렬다중조절모델

이제 좀 더 복잡한 병렬다중조절모델에 대해 알아보기로 하자. X와 Y의 직접경로 사이에는 조절변수가 없고, X와 Y 사이에 매개변수 M_1이 위치하며 이들 사이에 조절변수 W가 존재하는 것을 나타낸다.

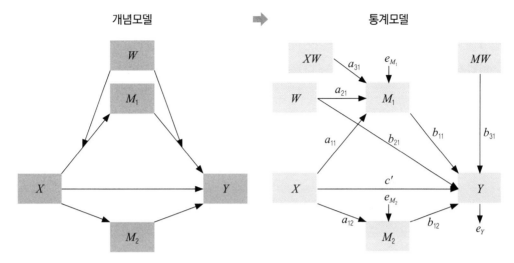

개념모델   ➡   통계모델

[그림 6-4] 병렬다중조절모델

오른쪽 통계모델을 식으로 나타내면 다음과 같다.

$$M_1 = i_{M_1} + a_{11}X + a_{21}W + a_{31}XW + e_{M_1} \qquad \text{(식 6-8)}$$

$$M_2 = i_{M_2} + a_{12}X + e_{M_2}$$

$$Y = i_Y + c'X + b_{11}M_1 + b_{12}M_2 + b_{21}W + b_{31}M_1W + e_Y \qquad \text{(식 6-9)}$$

M_1에 대한 X의 효과를 나타내는 방정식 (식 6-8)에서 X에 대하여 정리하면 다음과 같다.

$$M_1 = i_{M_1} + (a_{11} + a_{31}W)X + a_{21}W + e_M$$

X의 괄호 속에 들어 있는 식이 M_1에 대한 X의 효과($\theta_{X \to M_1} = (a_{11} + a_{31}W)$)이다.

Y에 대한 M_1의 효과는 (식 6-9)를 M_1으로 묶어내 구할 수 있다. Y에 대한 M_1의 효과 ($\theta_{M_1 \to Y}$)는 $(b_{11} + b_{31}W)$이다. M_1을 통한 Y에 대한 X의 효과, 즉 조건부 간접효과는 다음과 같은 식으로 나타낼 수 있다.

$$\theta_{X \to M_1}\theta_{M_1 \to Y} = (a_{11} + a_{31}W)(b_{11} + b_{31}W) = a_{11}b_{11} + (a_{11}b_{31} + a_{31}b_{11})W + a_{31}b_{31}W^2$$

앞의 식에서 Y에 대한 X의 효과(조건부 간접효과)는 W의 2차 함수임을 알 수 있다. 또한 Y에 대한 M_2의 직접효과는 c'이며 간접효과는 $a_{12}b_{12}$임을 알 수 있다.

따라서 Y에 대한 X의 총효과는 다음과 같음을 알 수 있다.

$$조건부\ 간접효과(\theta_{X \to M_1}\theta_{X \to Y}) = (a_{11} + a_{31}W)(b_{11} + b_{31}W)$$

$$간접효과 \qquad\qquad\qquad = a_{12}b_{12}$$

$$직접효과 \qquad\qquad\qquad = c'$$

$$총효과 \qquad\qquad\qquad = (a_{11} + a_{31}W)(b_{11} + b_{31}W) + (a_{12} + b_{12}) + c'$$

3 실습예제

3-1 연구모델과 연구가설

팀성과는 조직에서 중요시되는 요소이다. 탁월한 팀성과는 조직의 성과로 이어지기 때문이다. 팀워크가 제대로 발휘될 때 팀원들이 수행하고 있는 업무는 성과로 이어진다. 이때 팀장이 어떠한 리더십을 발휘하느냐는 매우 중요하다.

본 예제에서는 x리더십을 구사하는 팀장리더십(x)이 팀에 대한 감정(m), 팀성과(y)에 미치는 영향에 대하여 알아보기로 한다. 특히, 팀에 대한 부정감정(m)과 팀성과(y) 간에 '수단성(w)'이라는 변수를 삽입하기로 한다. 왜냐하면 팀에 따라서는 시간제 근무요원(아르바이트생)을 고용하기도 하는데, 그들은 팀성과를 위해서가 아니라 자신의 다른 목적(외국여행, 생활비 마련 등)을 이루기 위한 수단으로 일을 하기 때문이다(참고로 '수단성'의 반대 개념은 참된 일의 목적을 갖는 '외재성'이라고 할 수 있음).

본 연구에서 구상하고 있는 연구모델(개념모델과 통계모델)은 다음과 같다.

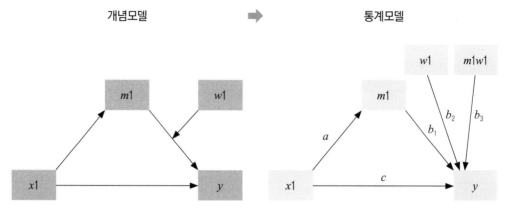

개념모델 ➡ 통계모델

[그림 6-5] 연구모델

이 연구모델은 팀에 대한 부정감정과 수단성이 상호작용하여 팀성과에 어떠한 영향을 미치는지 조절된 매개효과를 검정하기 위한 것이다.

연구모델을 연구가설로 나타내면 다음과 같다.

- 연구가설1(H_1): 팀장리더십(x)은 팀의 부정감정(m1)에 유의한 영향을 미칠 것이다.
- 연구가설2(H_2): 팀의 부정감정(m1)은 팀성과(y)에 유의한 영향을 미칠 것이다.
- 연구가설3(H_3): 팀의 부정감정(m1)과 팀성과(y) 간에는 수단성(w)이 조절효과를 보일 것이다. 즉, 조절된 매개효과가 있을 것이다.

3-2 분석하기

1) SPSS 이용

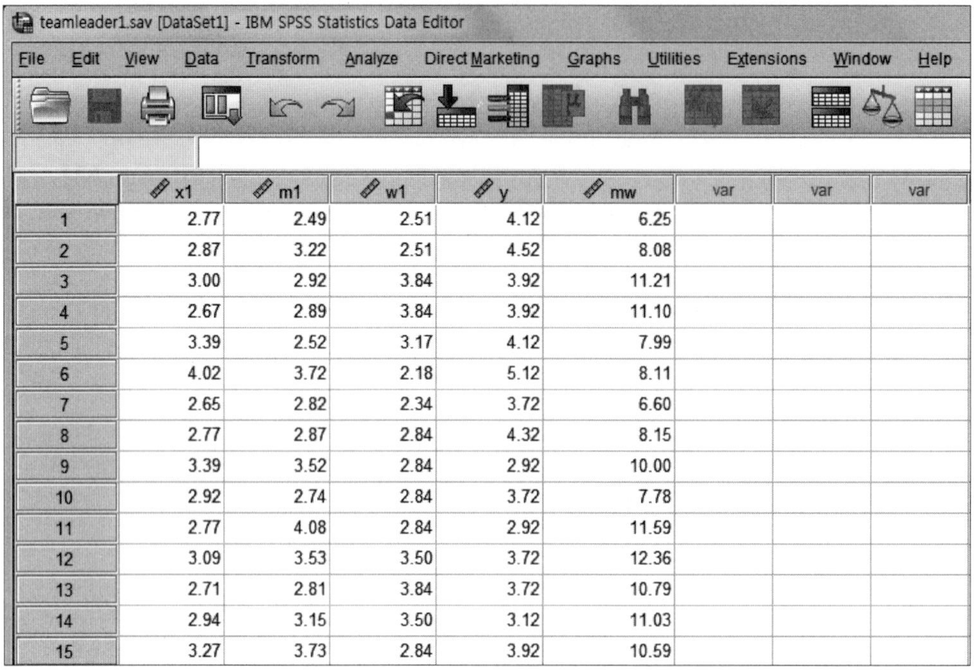

	x1	m1	w1	y	mw	var	var	var
1	2.77	2.49	2.51	4.12	6.25			
2	2.87	3.22	2.51	4.52	8.08			
3	3.00	2.92	3.84	3.92	11.21			
4	2.67	2.89	3.84	3.92	11.10			
5	3.39	2.52	3.17	4.12	7.99			
6	4.02	3.72	2.18	5.12	8.11			
7	2.65	2.82	2.34	3.72	6.60			
8	2.77	2.87	2.84	4.32	8.15			
9	3.39	3.52	2.84	2.92	10.00			
10	2.92	2.74	2.84	3.72	7.78			
11	2.77	4.08	2.84	2.92	11.59			
12	3.09	3.53	3.50	3.72	12.36			
13	2.71	2.81	3.84	3.72	10.79			
14	2.94	3.15	3.50	3.12	11.03			
15	3.27	3.73	2.84	3.92	10.59			

[그림 6-6] 데이터 (데이터 teamleader1.sav)

각 변수는 7점 척도로 점수가 높을수록 각 변수에 대하여 동의하는 정도가 높음을 나타낸다. SPSS에서 분석을 실시하기 위해서 File → New → Syntax를 눌러 명령문창(Syntax)에서 다음과 같이 명령어를 입력한다.

```
compute mw=m1*w1.
regression/dep=m1/method=enter x1.
regression/dep=y/method=enter x1 m1 w1 mw.
```

앞의 명령문을 실행하면 다음과 같은 회귀분석 결과를 얻을 수 있다.

Model Summary

Model	R	R Square	Adjusted R Square	Std. Error of the Estimate
1	.438[a]	.192	.178	.47627

a. Predictors: (Constant), x1

ANOVA[a]

Model		Sum of Squares	df	Mean Square	F	Sig.
1	Regression	3.130	1	3.130	13.800	.000[b]
	Residual	13.156	58	.227		
	Total	16.286	59			

a. Dependent Variable: m1
b. Predictors: (Constant), x1

Coefficients[a]

Model		Unstandardized Coefficients		Standardized Coefficients	t	Sig.
		B	Std. Error	Beta		
1	(Constant)	1.166	.510		2.287	.026
	x1	.620	.167	.438	3.715	.000

a. Dependent Variable: m1

Model Summary

Model	R	R Square	Adjusted R Square	Std. Error of the Estimate
1	.559[a]	.312	.262	.44884

a. Predictors: (Constant), mw, x1, m1, w1

ANOVA[a]

Model		Sum of Squares	df	Mean Square	F	Sig.
1	Regression	5.024	4	1.256	6.235	.000[b]
	Residual	11.080	55	.201		
	Total	16.105	59			

a. Dependent Variable: y
b. Predictors: (Constant), mw, x1, m1, w1

Coefficients[a]

Model		Unstandardized Coefficients		Standardized Coefficients	t	Sig.
		B	Std. Error	Beta		
1	(Constant)	-.398	2.402		-.166	.869
	x1	.366	.178	.260	2.059	.044
	m1	1.115	.773	1.121	1.443	.155
	w1	1.532	.776	1.594	1.973	.054
	mw	-.517	.241	-2.475	-2.146	.036

a. Dependent Variable: y

[그림 6-7] 회귀분석 결과

결과 해석 최소자승법(Ordinary Least Square, OLS)에 의한 회귀분석 결과, 2개의 추정 모델을 구할 수 있다.

$$\hat{M} = 1.166 + 0.620X$$
$$\hat{Y} = -0.398 + 0.366X_1 + 1.115M_1 + 1.532W_1 - 0.517MW$$

이에 대한 내용을 회귀분석 결과표로 정리하면 다음과 같다.

[표 6-1] 회귀분석 결과 주요 계수

선행변수		결과변수						
		m(부정적인 감정)				Y(팀성과)		
		회귀계수	표준오차(SE)	p		회귀계수	표준오차(SE)	p
X1(x리더십)	a	0.620	0.167	⟨ 0.000	c'	0.366	0.178	0.044
M1(부정적인 팀감정)					b_1	1.115	0.773	0.155
W(수단성)					b_2	1.532	0.776	0.054
M×W					b_3	−0.517	0.241	0.036
상수항(constant)	i_m	1.166	0.510	0.026	i_Y	−.398	2.402	0.869
$R^2 = .192$ F(1, 58) = 13.800, p ⟨ 0.000					$R^2 = .312$ F(4, 55) = 6.235, p ⟨ 0.000				

x리더십(x1)에서 팀성과(y)로의 영향(a=0.620)은 $\alpha=0.05$에서 유의한 영향을 미치는 것으로 나타났다. 아울러 수단성은 M1(부정적인 팀감정)과 Y(팀성과) 사이에서 통계적으로 유의한 상호작용을 하는 것으로 나타났다(b_3=−0.517, p=0.036).

2) PROCESS macro 이용

1단계: SPSS에서 PROCESS macro를 실행하기 위해 데이터 teamleader.sav를 불러온 다음 File → Open → Syntax를 누른다. 그러면 다음과 같은 창이 나타나는데, 여기서 process.sps를 지정하고 [Open] 단추를 누른다.

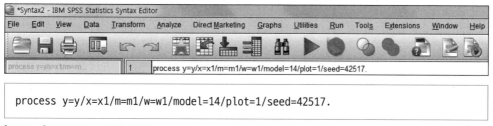

[그림 6-8] PROCESS 지정창

2단계: SPSS Syntax창에서 Run → All 단추를 눌러 실행한다.

3단계: 새로운 Syntax창에서 다음과 같은 명령어를 입력한다.

*Syntax2 - IBM SPSS Statistics Syntax Editor												
File	Edit	View	Data	Transform	Analyze	Direct Marketing	Graphs	Utilities	Run	Tools	Extensions	Window	Help

process y=y/x=x1/m=m... | 1 | process y=y/x=x1/m=m1/w=w1/model=14/plot=1/seed=42517.

```
process y=y/x=x1/m=m1/w=w1/model=14/plot=1/seed=42517.
```

[그림 6-9] PROCESS 명령어 입력문

여기서 process는 프로세스를 실행하기 위한 명령문이다. 각각의 변수 지정은 y=y/x=x1/m=m1/w=w1/을 통해서 입력하였다. 이어 분석자가 구상하고 있는 모델은 헤이즈 교수의 14번 모델이기 때문에 model=14를 입력하였다. 다음에 그림 그리기를 지정하기 위해서 plot=1을 지정하였다.

4단계: 마우스로 범위를 정하고 ▶ 단추를 눌러 실행한다. 그러면 다음과 같은 결과를 얻을 수 있다.

```
*************** PROCESS Procedure for SPSS Version 3.2.01 *****************
              Written by Andrew F. Hayes, Ph.D.       www.afhayes.com
        Documentation available in Hayes (2018). www.guilford.com/p/hayes3
**********************************************************************
Model  : 14
    Y  : y
    X  : x1
    M  : m1
    W  : w1
Sample
Size:  60

Custom
Seed:     42517
**********************************************************************
OUTCOME VARIABLE:
 m1
Model Summary
          R        R-sq        MSE          F        df1        df2          p
      .4384       .1922       .2268    13.7999     1.0000    58.0000      .0005

Model
             coeff          se           t           p        LLCI        ULCI
constant    1.1664       .5100      2.2871       .0259       .1455      2.1873
x1(a)        .6198       .1668      3.7148       .0005       .2858       .9537
**********************************************************************
OUTCOME VARIABLE:
 y
Model Summary
          R        R-sq        MSE          F        df1        df2          p
      .5586       .3120       .2015     6.2350     4.0000    55.0000      .0003

Model
             coeff          se           t           p        LLCI        ULCI
constant    -.3980      2.4023      -.1657       .8690     -5.2123      4.4164
x1(c)        .3661       .1778      2.0585       .0443       .0097       .7224
m1(b1)      1.1152       .7726      1.4433       .1546      -.4333      2.6636
w1(b2)      1.5317       .7764      1.9729       .0535      -.0242      3.0877
Int_1(b3)   -.5170       .2409     -2.1458       .0363      -.9998      -.0341

Product terms key:
 Int_1   :        m1        x        w1

Test(s) of highest order unconditional interaction(s):
      R2-chng          F        df1        df2          p
M*W      .0576     4.6043     1.0000    55.0000      .0363
----------
    Focal predict: m1      (M)
          Mod var: w1      (W)
Conditional effects of the focal predictor at values of the moderator(s):
     w1(w)     Effect(b₁+b₃W)          se           t           p        LLCI        ULCI
    2.4692       -.1613              .2088      -.7729       .4429      -.5797       .2570
    2.9400       -.4047              .1357     -2.9834       .0042      -.6766      -.1329
    3.6000       -.7459              .1626     -4.5879       .0000     -1.0718      -.4201
```

Effect(b_1+b_3W)

```
Data for visualizing the conditional effect of the focal predictor:
Paste text below into a SPSS syntax window and execute to produce plot.

DATA LIST FREE/
        m1          w1          y.
BEGIN DATA.
     2.5500      2.4692      4.0836
     2.9650      2.4692      4.0166
     3.5224      2.4692      3.9267
     2.5500      2.9400      4.1841
     2.9650      2.9400      4.0161                => 시각화 자료 이용
     3.5224      2.9400      3.7905
     2.5500      3.6000      4.3250
     2.9650      3.6000      4.0154
     3.5224      3.6000      3.5996
END DATA.
GRAPH/SCATTERPLOT=
m1        WITH      y        BY       w1.
**************** DIRECT AND INDIRECT EFFECTS OF X ON Y ****************
Direct effect of X on Y
    Effect(c)        se         t          p        LLCI        ULCI
      .3661        .1778    2.0585      .0443       .0097       .7224


Conditional indirect effects of X on Y:
INDIRECT EFFECT:
 x1            ->     m1           ->      y

       w1(w)     Effect($ab_1+ab_3$W)     BootSE    BootLLCI    BootULCI
      2.4692        -.1000              .1504     -.3742       .2419
      2.9400        -.2508              .1199     -.5028      -.0344
      3.6000        -.4623              .1693     -.8102      -.1510


     Index of moderated mediation:
              Index      BootSE     BootLLCI     BootULCI
w1($ab_3$)   -.3204       .1862     -.7606       -.0427


---
********************* ANALYSIS NOTES AND ERRORS ***********************
Level of confidence for all confidence intervals in output:
  95.0000
Number of bootstrap samples for percentile bootstrap confidence intervals:
  5000
W values in conditional tables are the 16th, 50th, and 84th percentiles.
------ END MATRIX -----
```

[그림 6-10] PROCESS 실행 결과물

5단계: 위의 결과로 조건부 직접효과와 간접효과를 양적화해보자. 이를 위해 위의 결과를 가지고 다음 표를 만들 수 있다.

[표 6-2] 조절변수에 따른 조건부 효과, 간접효과, 신뢰구간

w	a	$\theta_{m \to y}$ b1+b3w	$a\theta_{m \to y}$ a(b1+b3w)	95% BCI	
2.4692 (제16분위수)	0.6198	−0.161	−0.100	[−.3742	−.2419]
2.9400 (제50분위수)	0.6198	−0.405	−0.251	[−.5028	−.0344]
3.6000 (제84분위수)	0.6198	−0.746	−0.462	[−.8102	.1510]

w(수단성)의 조절변수 제16분위수, 제50분위수, 제84분위수의 값이 나타나 있다. 이어 a는 x1(x리더십)이 m1(부정적인 팀감정)에 미치는 영향력이 0.6198로 나타나 있다. 또한 y에 대한 m의 효과($\theta_{M \to Y}$)=b_1+b_3W로 나타낼 수 있다.

부정적인 팀감정(m1)을 통한 x리더십(x1)의 팀성과(y)에 대한 간접효과는 앞 조건부 효과($\theta_{M \to Y}$)와 비조건부 효과(a)의 곱을 나타낸다.

$$a(\theta_{M \to Y}) = a(b_1 + b_3W) = ab_1 + ab_3W \qquad \text{(식 6-10)}$$

위 식에 해당 값을 대입하면 다음과 같이 나타낼 수 있다.

$$a\theta_{M \to Y} = 0.6198(1.1152 - 0.5170w) = 0.691 - 0.320w \qquad \text{(식 6-11)}$$

여기서 알 수 있는 것은 조절변수에 해당하는 w(수단성)의 값이 높아질수록 조건부 효과(($\theta_{M \to y}$)=b_1+b_3W)와 조건부 간접효과(a($\theta_{M \to Y}$)=a(b_1+b_3W)=ab_1+ab_3W)가 높아진다는 것이다. 또한 95% BCI(Bootstrap Confidence Interval) 안에 '0'이 포함되는지 '0'이 포함되지 않는지를 확인하고 조건부 간접효과(a($\theta_{M \to Y}$))의 유의성(significant) 여부를 판단한다. 부트스트래핑은 평균값, 중앙값, 비율, 오즈비, 상관계수 또는 회귀계수와 같은 추정 표준오차와 신뢰구간의 강력한 추정값을 도출하기 위한 방법이다. 이 방법은 가설검정을 구축

하는 데에도 사용될 수 있다. 부트스트래핑은 이러한 방법의 가정이 불확실한 경우(이분산성 잔차의 회귀모델에 적합한 샘플 수가 작은 경우 등), 또는 매개변수적 추정이 불가능하거나 표준오차를 계산하는 데 매우 복잡한 공식을 필요로 하는 경우(중앙값, 사분위수 및 기타 백분위수의 신뢰구간을 계산하는 경우 등)에 매개변수적 추정의 대안으로서 가장 유용하다. w(수단성)의 조절변수 제16분위수(w=2.4692)의 경우 95% BCI 신뢰구간 안에 0을 포함하고 있어 조건부 간접효과가 유의하지 않음을 알 수 있다. 반면에 조절변수 제50분위수(2.94), 84분위수(3.60)는 95% BCI 신뢰구간 안에 0을 포함하고 있지 않아 조건부 간접효과($a(\theta_{M \to Y})$)가 유의함을 알 수 있다.

6단계: 다음으로 조건부 효과와 간접효과, 직접효과에 대한 시각화에 대하여 알아보자. 우선 매개변수(m)와 성과변수(y) 간의 관계에서 조절변수의 효과를 그림으로 나타내보자. 이를 위해서는 [그림 6-10] PROCESS 실행 결과물 부분(시각화 자료 이용)에서 DATA LIST FREE/부터 GRAPH/SCATTERPLOT=m1 WITH y BY w1.까지의 데이터를 복사하여 SPSS 명령문(syntax)창에 붙여넣기를 해서 실행하면 된다.

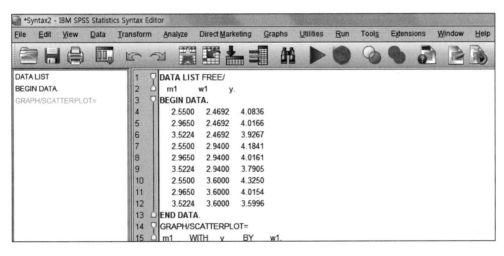

[그림 6-11] 그래프 명령문창

7단계: 앞의 명령문을 모두 마우스로 지정하고 ▶ 단추를 눌러 실행한다. 그러면 다음과 같은 그림이 나타난다.

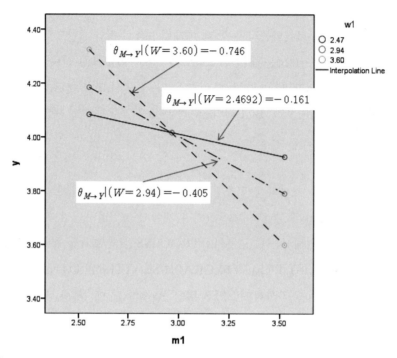

[그림 6-12] 매개변수와 성과변수 사이의 조절변수

여기서 알 수 있는 것은 조절변수 값이 증가할수록 성과변수(팀성과)는 줄어든다는 점이다. 즉, 제1변수와 y변수 사이에서 조절변수 값이 클수록 y변수의 낙폭(떨어지는 비율)이 크다는 것을 의미한다. 이 과정에서 존슨-네이만(Johnson-Neyman) 기법이 사용된다. 존슨-네이만 기법은 조절변수에 따른 유의한 영역과 유의하지 않은 영역을 명확하게 확인하는 방법이다. 존슨-네이만 기법은 조절변수 전체 범위 안에서 독립변수가 종속변수에 미치는 유의한 영역과 유의하지 않은 영역을 나타낸다. 즉 조절변수가 제50분위수 이상인 경우, 제84분위수의 경우는 유의한 차이가 있고, 하위 제16분위수 이하에서는 유의하지 않은 것으로 나타났다.

8단계: 조건부 간접효과와 직접효과를 시각적으로 나타내보자. 이를 위해서 명령문 (Syntax)창에 다음과 같이 입력한다.

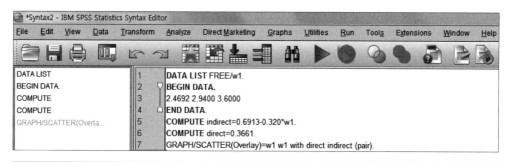

```
DATA LIST FREE/w1.
BEGIN DATA.
2.4692 2.9400 3.6000
END DATA.
COMPUTE indirect=0.6913-0.320*w1.
COMPUTE direct=0.3661.
GRAPH/SCATTER(Overlay)=w1 w1 with direct indirect (pair).
```

[그림 6-13] 조건부 간접효과와 직접효과의 시각화

마우스로 모든 범위를 지정하고 ▶ 단추를 눌러 실행한다. 그러면 다음과 같은 그림이 나타난다.

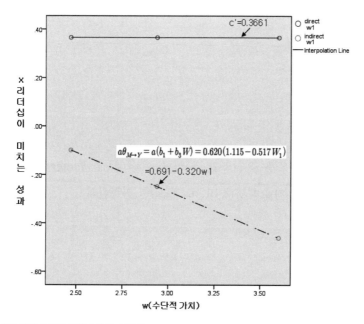

[그림 6-14] 조건부 간접효과와 직접효과의 시각화

[그림 6-14]에서 직접효과(c′)는 0.3661이다. 조절효과 변수(w)의 값이 증가하면 증가할 수록 성과(x리더십이 미치는 성과)는 감소한다는 것을 알 수 있다.

3) Amos 이용

1단계: Amos를 이용한 분석을 위해서 데이터 teamleader1.sav를 불러온 후, Amos 프로그램에서 다음과 같은 경로도형을 그린다.

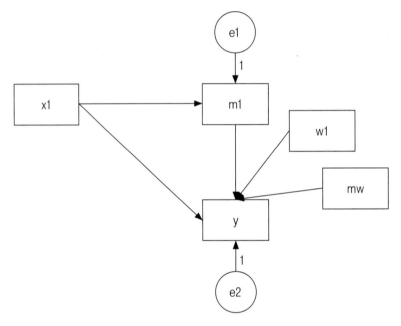

[그림 6-15] 경로도형

2단계: 각 화살표에 마우스를 올려놓고 두 번을 누른다. parameters(모수)의 regression weights(회귀 가중치)에 문자(a, b1, b2, b3, c)를 입력한다.

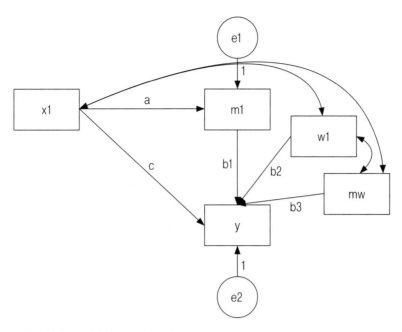

[그림 6-16] 모수에 문자 입력하기 (데이터 ch6.amw)

3단계: Amos 프로그램의 하단에 Not estimating any user-defined estimand. 를 누른다. 이어서 Define new estimands를 누르고 다음과 같은 명령어를 입력한다. 참고로 명령어 작성 시에 띄어쓰기를 하면 프로그램이 운용되지 않으니 주의하기 바란다.

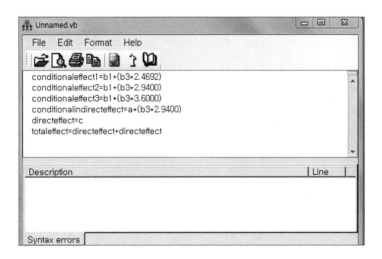

```
conditionaleffect1=b1+(b3*2.4692)
conditionaleffect2=b1+(b3*2.9400)
conditionaleffect3=b1+(b3*3.6000)
conditionalindirecteffect=a*(b3*2.9400)
directeffect=c
totaleffect=directeffect+directeffect
```

[그림 6-17] User defined estimand 명령어

4단계: File-Check syntax(Alt+S)를 누른다. File-Save As 단추를 눌러 ch6. SmpleEstimand로 저장한다. 그런 다음 Exit 단추를 누르면 경로도형 화면으로 복귀한다.

5단계: View → Analysis Properties → Bootstrap 단추를 누른다. 이후 다음과 같이 지정한다.

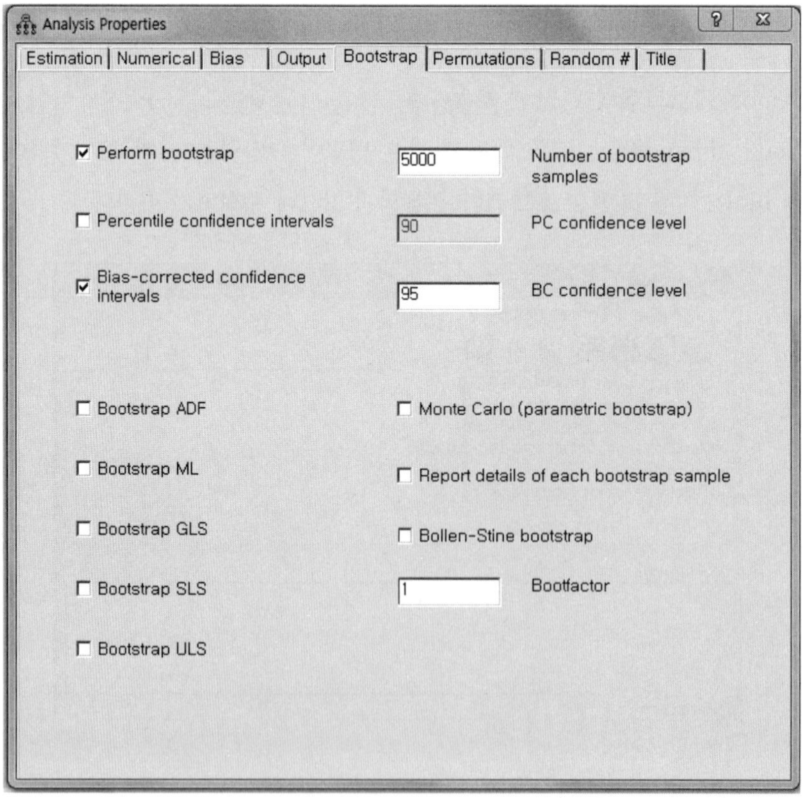

[그림 6-18] Amos Bootstrap 지정

6단계: 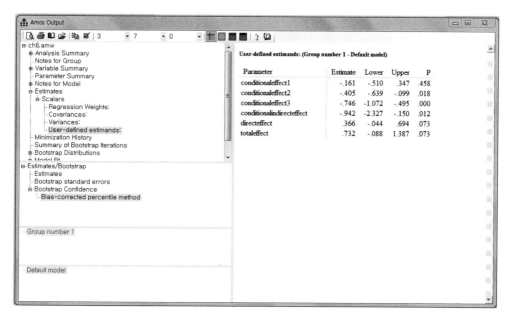(Calculate Estimate) 단추를 눌러 실행한다. 그러면 다음과 같은 결과가 나타난다.

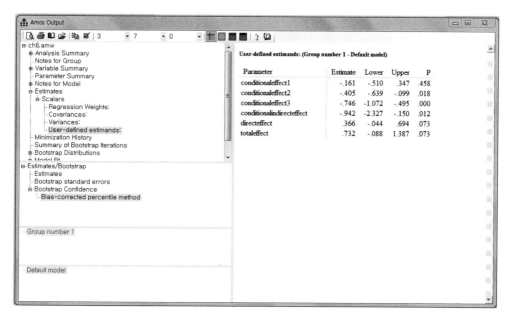

[그림 6-19] 결과 화면

결과 해석 앞에서 입력한 conditionaleffect1, conditionaleffect2, conditionaleffect3, conditionalindirecteffect, directeffect, totaleffect=directeffect+directeffect에 대한 값이 계산되어 있다. 계산된 신뢰구간 안에 '0'이 포함되어 있으면 유의하지 않은 값이며, '0'이 포함되어 있지 않으면 유의한 값이다.

4) R 프로그램 실행

1단계: R 프로그램으로 조건부 프로세스 분석을 실시하기 위해서 우선 데이터를 .csv 형태 파일로 저장한다.

2단계: R Project 프로그램을 불러온 후 다음과 같은 명령어를 입력한다.

```
library(lavaan)
library(psych)
library(MBESS)
library(semPlot)
teamleader=read.csv("K:/data/teamleader1.csv")
mod2 <- '# a path
        m1 ~ a1 * x1

        # b paths
        y ~ b1 * m1
        y ~ b2 * w1
        y ~ b3 * mw

        # c prime path
        y ~ cp * x1

        # index of moderated mediation and conditional indirect effects
        a1b3 := a1 * b3
        normie := a1 * b1 + a1b3 * -0.5
        fitie := a1 * b1 + a1b3 * 0.5'
fit <- sem(mod2, data = teamleader, se = "bootstrap", bootstrap = 5000)
summary(fit, standardized = TRUE, fit.measures = TRUE)
parameterestimates(fit, boot.ci.type = "bca.simple", standardized = TRUE)
with(teamleader, mediation(x = w1, mediator = m1, dv = y, bootstrap = TRUE, which.boot = "BCa", B = 5000))
with(teamleader, mediation.effect.plot(x =w1, mediator = m1, dv = y,
                        ylab = "team performance", xlab = "instrument"))
diagram<-semPlot::semPaths(fit,
                        whatLabels="std", intercepts=FALSE, style="lisrel",
                        nCharNodes=0,
                        nCharEdges=0,
                        curveAdjacent = TRUE,title=TRUE, layout="tree2",curvePivot=TRUE)
```

[그림 6-20] R 조건부 간접효과 명령어 (데이터 ch6.R)

3단계: 마우스로 모든 범위를 지정하고 ⟶ Run 단추를 눌러 실행하면 다음과 같은 결과를 얻을 수 있다.

	lhs	op	rhs	label	est	se	z	pvalue	ci.lower	ci.upper	std.lv	std.all	std.nox
1	m1	~	x1	a1	0.620	0.225	2.756	0.006	0.212	1.095	0.620	0.438	1.190
2	y	~	m1	b1	1.115	0.794	1.404	0.160	-0.162	3.031	1.115	0.560	0.560
3	y	~	w1	b2	1.532	0.756	2.027	0.043	0.224	3.269	1.532	0.796	1.477
4	y	~	m1w1	b3	-0.517	0.242	-2.135	0.033	-1.097	-0.120	-0.517	-1.237	-0.499
5	y	~	x1	c	0.366	0.188	1.945	0.052	0.001	0.726	0.366	0.130	0.353
6	m1	~~	m1		0.219	0.052	4.242	0.000	0.139	0.354	0.219	0.808	0.808
7	y	~~	y		0.185	0.032	5.802	0.000	0.138	0.275	0.185	0.172	0.172
8	x1	~~	x1		0.136	0.000	NA	NA	0.136	0.136	0.136	1.000	0.136
9	x1	~~	w1		-0.001	0.000	NA	NA	-0.001	-0.001	-0.001	-0.007	-0.001
10	x1	~~	m1w1		0.245	0.000	NA	NA	0.245	0.245	0.245	0.268	0.245
11	w1	~~	w1		0.291	0.000	NA	NA	0.291	0.291	0.291	1.000	0.291
12	w1	~~	m1w1		1.003	0.000	NA	NA	1.003	1.003	1.003	0.750	1.003
13	m1w1	~~	m1w1		6.153	0.000	NA	NA	6.153	6.153	6.153	1.000	6.153
14	conindireffect1	:=	a1+(-0.320*2.4692)	conindireffect1	-0.170	0.225	-0.758	0.449	-0.578	0.305	-0.170	-0.352	0.399
15	conindireffect2	:=	a1+(-0.320*2.9400)	conindireffect2	-0.321	0.225	-1.428	0.153	-0.729	0.154	-0.321	-0.502	0.249
16	conindireffect3	:=	a1+(-0.320*3.6000)	conindireffect3	-0.532	0.225	-2.367	0.018	-0.940	-0.057	-0.532	-0.714	0.038
17	directeffect	:=	c	directeffect	0.366	0.188	1.945	0.052	0.001	0.726	0.366	0.130	0.353
18	totaleffect	:=	conindireffect2+directeffect	totaleffect	0.045	0.265	0.170	0.865	-0.432	0.629	0.045	-0.372	0.602

[그림 6-21] 경로계수

결과 해석 각 경로별 경로계수(est), 표준오차(se), z값, p-value, 신뢰구간(ci. lower ci. upper) 등이 나타나 있다.

	Estimate	CI.Lower_BCa	CI.Upper_BCa
Indirect.Effect	-0.0315672013	-1.756704e-01	0.03732361
Indirect.Effect.Partially.Standardized	-0.0604204517	-3.199852e-01	0.07774095
Index.of.Mediation	-0.0328506576	-1.648845e-01	0.04171789
R2_4.5	0.0101771204	-7.875685e-03	0.10300395
R2_4.6	0.0011030517	1.357403e-06	0.02113272
R2_4.7	0.0061875902	4.814111e-06	0.06175288
Ratio.of.Indirect.to.Total.Effect	0.1940429779	-6.121970e-01	5.26666171
Ratio.of.Indirect.to.Direct.Effect	0.2407609495	-7.560032e-01	19.09275155
Success.of.Surrogate.Endpoint	-1.9893195602	-1.135433e+03	0.30150774
Residual.Based_Gamma	-0.0003572447	-3.205722e-02	0.01320923
Residual.Based.Standardized_gamma	-0.0003395502	-3.298467e-02	0.01322215
SOS	0.3550852558	-3.107294e+00	0.99649450

[그림 6-22] 경로계수와 신뢰구간

결과 해석 각 경로별 경로계수(Estimate), 경로별 95% BCI(Bootstrap Confidence Interval) 신뢰구간(CI. Lower_BCa CI.Upper_BCa) 등이 나타나 있다.

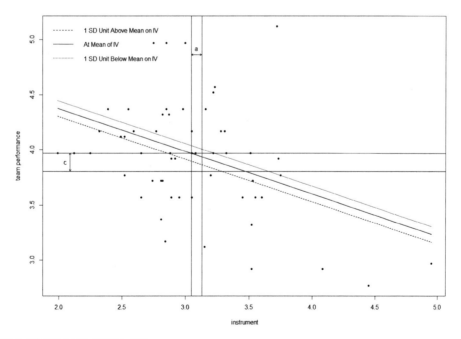

[그림 6-23] 조절변수와 성과변수 그림

결과 해석 조절변수(w, 수단성)에 따른 성과(team performance)를 그림으로 보여준다. 이를 통해 팀 구성원의 수단성이 높아질수록 팀성과는 낮아짐을 알 수 있다. a경로(x리더십 → m1(부정적인 팀감정)), c(x리더십 → 팀성과)의 경로계수에 대한 신뢰구간이 나타나 있다.

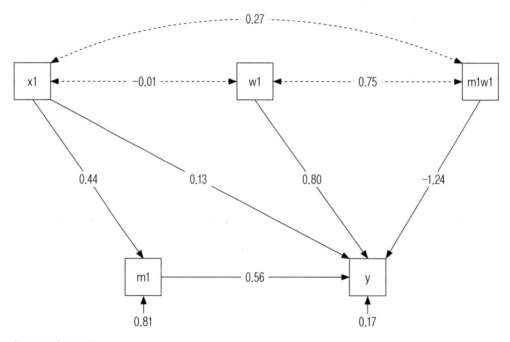

[그림 6-24] 경로도형

결과 해석 연구모델에 등장하는 경로도형과 해당 경로계수가 나타나 있다.

연습문제

1 다음 연구가설을 확인하고 데이터 2개의 연구모델을 분석하고 해석하라.

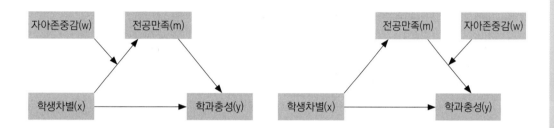

	🔒 x	🔒 w	🔒 m	🔒 y	🔒 mw	🔒 xw	var	var	var
1	4	3	1	2	3	12.00			
2	4	3	2	3	6	12.00			
3	4	4	1	3	4	16.00			
4	1	5	5	5	25	5.00			
5	1	4	5	5	20	4.00			
6	5	3	1	3	3	15.00			
7	5	4	1	3	4	20.00			
8	5	3	3	3	9	15.00			
9	5	3	2	3	6	15.00			
10	1	5	5	5	25	5.00			
11	5	4	3	5	12	20.00			
12	1	4	3	5	12	4.00			
13	4	3	2	4	6	12.00			
14	4	3	2	3	6	12.00			
15	5	3	1	3	3	15.00			
16	3	4	2	4	8	12.00			
17	5	5	5	3	25	25.00			
18	4	5	4	3	20	20.00			
19	5	3	5	4	15	15.00			
20	3	3	3	5	9	9.00			

(데이터 student1.sav)

- 첫째(H_1), 전공만족이 학생차별과 학과충성을 매개할 것이다.
- 둘째(H_2), 자아존중감이 학생차별과 학과만족 사이에서 유의한 조절효과를 보일 것이다. 즉, 통합적으로 자아존중감의 매개된 조절효과가 있을 것이다.
- 셋째(H_3), 자아존중감이 전공만족과 학과충성 사이에서 유의한 조절효과를 보일 것이다. 즉, 통합적으로 자아존중감의 조절된 매개효과가 있을 것이다.

데이터에 내재되어 있는 정보와 지식이 의사결정의 원천이다.

7장

복잡한
조건부
프로세스 분석

학습목표

1. 복잡한 조건부 모델의 개념을 파악한다.
2. 예제를 분석하고 각종 통계량을 설명해보자.

1 복잡한 조건부 모델

품질, 고객만족, 고객충성도 간의 인과연구는 대부분의 연구자들이 관심을 가지는 사항이다. 연구자는 탄탄한 이론배경을 토대로 서비스품질, 고객만족, 고객충성도 관련 인과모델을 구축한 다음 인과성 여부를 실증분석한다. 이어서 관련 실무분야에 로열티 프로그램을 중심으로 시사점과 전략을 제공하는 것이 중요하다.

연구자가 관심을 갖고 있는 품질(x), 고객만족(m), 충성도(y) 간의 인과모델에서 친밀감(w)을 삽입한 연구모델을 나타내면 다음과 같다.

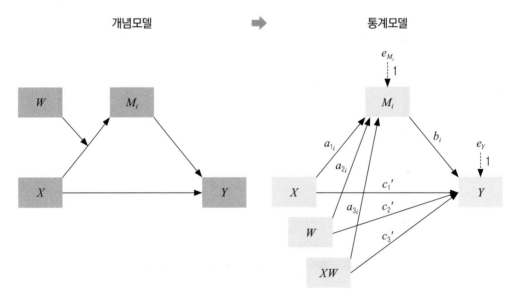

[그림 7-1] 조건부 프로세스 모델: Hayes 8번 모델

[그림 7-1] 통계모델(statistical diagram)을 토대로 M을 통한 Y에 대한 X의 조건부 간접효과(conditional indirect effect)는 다음과 같이 나타낼 수 있다.

$$M_i = (a_{1i} + a_{3i}W)b_i$$

(식 7-1)

또한 Y에 대한 X의 조건부 직접효과는 아래 수식과 같다.

$$Y = c_1' + c_3' W \qquad \text{(식 7-2)}$$

2 실습예제 분석

2-1 예제

고객이 거래하고 있는 서비스 기업에 대하여 품질(X), 고객만족(M), 충성도(Y) 간의 인과
모델을 수립하고 이 모델에 친밀감(W)을 삽입한 연구모델과 연구가설을 만들 수 있다.

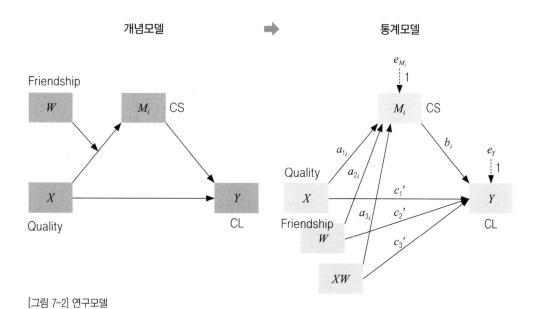

[그림 7-2] 연구모델

연구모델을 연구가설로 나타내면 다음과 같다.

- H_1: X(품질, quality)는 M(고객만족, cs)에 유의한 영향을 미칠 것이다.
- H_2: M(고객만족, cs)은 Y(고객충성도, cl)에 유의한 영향을 미칠 것이다.
- H_3: X(품질, quality)는 Y(고객충성도, cl)에 유의한 영향을 미칠 것이다.
- H_4: W(친밀감, friendship)는 X(품질, quality), M(고객만족, cs), Y(고객충성도, cl) 사이에서 유의한 조절변수 역할을 할 것이다.

2-2 데이터

앞 예제를 분석하기 위해 조사된 자료는 모두 103명이었다. 사용된 데이터는 다음 그림과 같다.

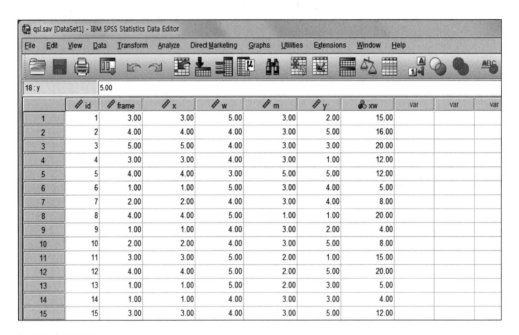

[그림 7-3] 데이터 (sql.sav)

2-3 SPSS 이용

[그림 7-2]의 오른쪽 통계모델을 이용하여 다음과 같은 수식을 만들어낼 수 있다.

$$M = i_M + a_1 X + a_2 W + a_3 XW + e_M \qquad \text{(식 7-3)}$$

$$Y = i_Y + c'_1 X + c'_2 W + c'_3 XW + bM + e_Y \qquad \text{(식 7-4)}$$

(식 7-3)과 (식 7-4)에 의해서 조건부 간접효과는 다음과 같이 나타낼 수 있다.

$$M_i = (a_{1i} + a_{3i} W) b_i \qquad \text{(식 7-5)}$$

또한 Y에 대한 X의 조건부 직접효과는 (식 7-4)를 이용해서 X에 대해 정리한 다음 아래 수식과 같이 나타낼 수 있다.

$$Y = c'_1 + c'_3 W \qquad \text{(식 7-6)}$$

앞의 방정식은 SPSS syntax에서 명령문 실행으로 최소자승법(Ordinary Least Square, OLS)에 의해서 다음과 같은 결과를 얻을 수 있다.

```
compute xw=x*w.
regression/dep=m/method=enter x w xw.
regression/dep=y/method=enter x w xw m.
```

Model Summary

Model	R	R Square	Adjusted R Square	Std. Error of the Estimate
1	.502[a]	.252	.229	.61111

a. Predictors: (Constant), xw, w, x

ANOVA[a]

Model		Sum of Squares	df	Mean Square	F	Sig.
1	Regression	12.461	3	4.154	11.122	.000[b]
	Residual	36.972	99	.373		
	Total	49.433	102			

a. Dependent Variable: m

b. Predictors: (Constant), xw, w, x

Coefficients[a]

Model		Unstandardized Coefficients B	Std. Error	Standardized Coefficients Beta	t	Sig.
1	(Constant)	3.096	.512		6.046	.000
	x	.477	.181	1.017	2.630	.010
	w	-.057	.123	-.075	-.461	.646
	xw	-.117	.044	-1.111	-2.682	.009

a. Dependent Variable: m

[그림 7-4] 회귀분석 결과 1

결과 해석 x(품질, quality), w(친밀감, friendship), xw(품질과 친밀감의 상호작용항) 등이 독립변수로 투입될 때 M(고객만족, cs)에 대한 회귀분석 결과의 추정 회귀식은 다음과 같다.

$$\hat{M} = 3.096 + 0.477X - 0.057W - 0.117XW$$

x(품질, quality)변수는 $\alpha = 0.05$에서 유의한 것으로 나타났다($p = 0.010$). w(친밀감, friendship)는 $p = 0.646 > \alpha = 0.05$로 유의하지 않은 것으로 나타났다. xw(품질과 친밀감의 상호작용항)는 $p = 0.009 < \alpha = 0.05$로 유의함을 알 수 있다.

Model Summary

Model	R	R Square	Adjusted R Square	Std. Error of the Estimate
1	.451[a]	.203	.171	1.25868

a. Predictors: (Constant), m, x, w, xw

ANOVA[a]

Model		Sum of Squares	df	Mean Square	F	Sig.
1	Regression	39.654	4	9.913	6.257	.000[b]
	Residual	155.259	98	1.584		
	Total	194.913	102			

a. Dependent Variable: y

b. Predictors: (Constant), m, x, w, xw

Coefficients[a]

Model		Unstandardized Coefficients		Standardized Coefficients	t	Sig.
		B	Std. Error	Beta		
1	(Constant)	.514	1.234		.417	.678
	x	.393	.386	.422	1.017	.311
	w	.055	.254	.037	.217	.829
	xw	-.083	.093	-.397	-.892	.375
	m	.738	.207	.372	3.567	.001

a. Dependent Variable: y

[그림 7-5] 회귀분석 결과 2

결과 해석 x(품질, quality), w(친밀감, friendship), xw(품질과 친밀감의 상호작용항), m(고객만족, cs) 등이 독립변수로 투입되었다. y(고객충성도, cl)에 대한 회귀분석 결과의 추정 회귀식은 다음과 같다.

$$\hat{Y} = 0.514 + 0.393X + 0.055W - 0.083XW + 0.738M$$

x(품질, quality)변수는 $\alpha=0.05$에서 유의하지 않은 것으로 나타났다($p=0.311$). w(친밀감, friendship)는 $p=0.829 > \alpha=0.05$로 유의하지 않은 것으로 나타났다. xw(품질과 친밀

감의 상호작용항)는 $p=0.375 > \alpha=0.05$로 유의하지 않음을 알 수 있다. 또한 m(고객만족) 변수는 $p=0.001 < \alpha=0.05$로 유의함을 알 수 있다.

앞의 결과를 이용하여 다음과 같은 표를 만들 수 있다.

[표 7-1] 회귀분석 결과 주요 계수

선행변수		결과변수							
		M				Y			
		회귀계수	표준오차 (SE)	p			회귀계수	표준오차 (SE)	p
X	$a1$	0.477	0.180	⟨ 0.010	c_1'		0.393	0.389	0.311
M					b		0.738	0.207	0.001
W	$a2$	−0.057	0.123	0.646	c_2'		0.055	0.254	0.829
x×W	$a3$	−0.117	0.044	0.009	c_3'		−0.083	0.093	0.375
상수항(constant)	i_m	3.096	0.512	0.000	i_Y		0.514	1.234	0.678
	$R^2=.252$ $F(3,99)=11.122, p⟨0.000$				$R^2=.203$ $F(4,98)= 6.257 , p⟨0.000$				

2-4 SPSS PROCESS 이용

SPSS 프로그램에서 PROCESS를 실행하기 위해서 다음과 같은 명령문을 Syntax창에 입력한다. 분석자는 Syntax창에 명령문을 입력하기 전에 SPSS 프로그램에서 File → Open → Syntax 순서로 process.sps 파일을 연결해야 한다. 이어 Run → All 단추를 눌러 실행한 다음 아래와 같이 명령어를 입력한다.

```
process y=y/x=x/w=w/m=m/model=8/plot=1/seed=12345.
```

본 분석의 연구모델은 헤이즈 교수의 8번 모델에 해당되기 때문에 모델8(model=8)로 명령문을 입력하였다. plot은 상호작용항을 시각화하기 위해서 1을 설정하였다.

```
Run MATRIX procedure:
*************** PROCESS Procedure for SPSS Version 3.2.01 *****************
          Written by Andrew F. Hayes, Ph.D.        www.afhayes.com
     Documentation available in Hayes (2018). www.guilford.com/p/hayes3
*************************************************************************
Model  : 8
    Y  : y
    X  : x
    M  : m
    W  : w
Sample
Size:  103
Custom
Seed:      12345
*************************************************************************
OUTCOME VARIABLE:
 m
Model Summary
         R        R-sq        MSE          F        df1        df2          p
     .5021       .2521       .3735    11.1220     3.0000    99.0000       .0000
Model
              coeff          se          t          p       LLCI       ULCI
constant     3.0957       .5120     6.0463      .0000     2.0798     4.1117
x(a1)         .4769       .1813     2.6301      .0099      .1171      .8366
w(a2)        -.0567       .1231     -.4608      .6460     -.3011      .1876
Int_1(a3)    -.1170       .0436    -2.6818      .0086     -.2036     -.0304

Product terms key:
 Int_1    :          x          x          w
Test(s) of highest order unconditional interaction(s):
      R2-chng          F        df1        df2          p
X*W       .0543     7.1922     1.0000    99.0000      .0086
----------
    Focal predict: x         (X)
        Mod var: w           (W)                        $\theta_{x \to m} | w = a_1 + a_3 w$
Conditional effects of the focal predictor at values of the moderator(s):
        w       Effect          se          t          p       LLCI       ULCI
   3.0000       .1258       .0613     2.0529      .0427      .0042      .2474
   4.0000       .0088       .0408      .2157      .8297     -.0722      .0898
   5.0000      -.1082       .0582    -1.8607      .0658     -.2236      .0072
Data for visualizing the conditional effect of the focal predictor:
Paste text below into a SPSS syntax window and execute to produce plot.
DATA LIST FREE/
    x          w          m.
```

```
BEGIN DATA.
    1.0000      3.0000      3.0513
    2.0000      3.0000      3.1772
    4.0000      3.0000      3.4288
    1.0000      4.0000      2.8776
    2.0000      4.0000      2.8864          => PLOT옵션으로부터 결과물
    4.0000      4.0000      2.9040
    1.0000      5.0000      2.7038
    2.0000      5.0000      2.5956
    4.0000      5.0000      2.3792
END DATA.
GRAPH/SCATTERPLOT=
x         WITH      m         BY        w.
******************************************************************
OUTCOME VARIABLE:
 y
Model Summary
          R         R-sq        MSE           F         df1         df2           p
       .4510       .2034      1.5843      6.2574      4.0000     98.0000       .0002
Model
              coeff         se           t           p        LLCI        ULCI
constant      .5142      1.2340       .4167       .6778     -1.9346      2.9631
x()           .3930       .3863      1.0173       .3115      -.3736      1.1595
m(b)          .7385       .2070      3.5674       .0006       .3277      1.1493
w()           .0550       .2539       .2166       .8290      -.4489       .5589
Int_1()      -.0830       .0931      -.8917       .3747      -.2677       .1017

Product terms key:
 Int_1     :         x         x         w
Test(s) of highest order unconditional interaction(s):
       R2-chng          F         df1         df2           p
X*W       .0065       .7951      1.0000     98.0000       .3747
----------
    Focal predict: x         (X)
          Mod var: w         (W)
Data for visualizing the conditional effect of the focal predictor:
Paste text below into a SPSS syntax window and execute to produce plot.
DATA LIST FREE/
    x         w         y.
BEGIN DATA.
    1.0000      3.0000      2.9242
    2.0000      3.0000      3.0682
    4.0000      3.0000      3.3561
    1.0000      4.0000      2.8962          => PLOT옵션으로부터 생성 결과물
    2.0000      4.0000      2.9571
    4.0000      4.0000      3.0791
    1.0000      5.0000      2.8682
    2.0000      5.0000      2.8461
    4.0000      5.0000      2.8021
```

```
END DATA.
GRAPH/SCATTERPLOT=
 x          WITH      y          BY         w.
******************* DIRECT AND INDIRECT EFFECTS OF X ON Y ****************
Conditional direct effect(s) of X on Y: c'_1 + c'_3 W
         w        Effect         se          t          p         LLCI         ULCI
     3.0000        .1440       .1289      1.1171      .2667       -.1118       .3998
     4.0000        .0610       .0841       .7254      .4700       -.1059       .2278
     5.0000       -.0220       .1219      -.1806      .8570       -.2639       .2198
Conditional indirect effects of X on Y:
INDIRECT EFFECT: a_1b+a_3bw
 x             ->      m           ->      y
         w        Effect      BootSE     BootLLCI     BootULCI
     3.0000        .0929       .0556       -.0068       .2078
     4.0000        .0065       .0318       -.0600       .0685
     5.0000       -.0799       .0539       -.2036       .0085
      Index of moderated mediation: a_3b
       Index      BootSE     BootLLCI     BootULCI
 w    -.0864       .0446       -.1811      -.0102
---
********************** ANALYSIS NOTES AND ERRORS **********************
Level of confidence for all confidence intervals in output:
  95.0000
Number of bootstrap samples for percentile bootstrap confidence intervals:
  5000
W values in conditional tables are the 16th, 50th, and 84th percentiles.
------ END MATRIX -----
```

[그림 7-6] PROCESS 결과

결과 해석 w(친밀감)의 조건부 효과(conditional effect)는 $\theta_{X \to M} = a_1 + a_3 W$이다. a_3의 신뢰구간[-.2036 -.0304] 안에 '0'을 포함하지 않으므로 '통계적으로 유의하다'라고 해석한다. m을 통한 y에 대한 x의 간접효과는 $\theta_{x \to M}b = (a_1 + a_3 W)b = a_1b + a_3bw$이다. 여기에 해당 회귀계수를 대입하면, $\theta_{x \to M}b = (0.4769 - 0.1170W)0.7395 = 0.353 - 0.09W$로 나타낼 수 있다.

앞의 결과를 토대로 조건부 직접효과와 간접효과를 표로 나타낼 수 있다.

[표 7-2] 조건부 간접효과와 직접효과

	간접효과				직접효과	
w	a_1+a_3W	b	$(a_1+a_3W)b$	95% Bootstrap CI	$\theta_{X \to Y}= c_1' + c_3'$	95% BCI
3	.1258	.7385	.0929	[−.0068 .2078]	.1440	[−.1118 .3998]
4	.0088	.7385	.0065	[−.0600 .0685]	.0610	[−.1059 .2278]
5	−.1170	.7385	−.0799	[−.2036 .0085]	−.0220	[−.2639 .2198]

간접효과와 직접효과 모두 95% Bootstrap 신뢰구간 안에 0을 포함하고 있어 유의하지 않은 것으로 나타났다.

조절변수인 w(친밀감, friendship)가 x(품질, quality)와 m(고객만족, cs) 간에 개입된 경우의 그래프는 다음과 같다.

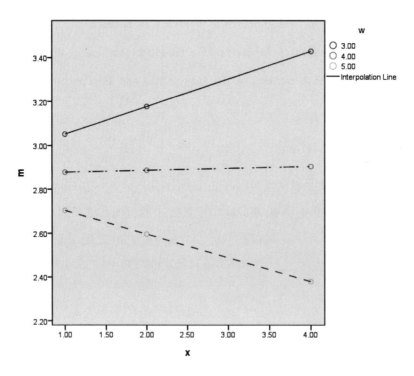

[그림 7-7] x(품질, quality)와 m(고객만족, cs) 간의 조절변수(w)

조절변수인 w(친밀감, friendship)가 x(품질, quality)와 m(고객만족, cs) 간에 개입된 경우, 거래기업과 친밀감이 높다고 생각할수록 고객만족도는 낮아짐을 알 수 있다.

조절변수인 w(친밀감, friendship)가 x(품질, quality)와 y(고객충성도, cl) 간에 개입된 경우의 그래프는 다음과 같다.

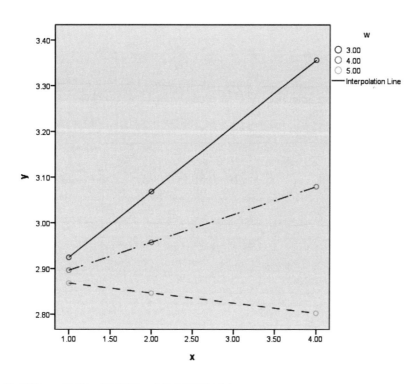

[그림 7-8] x(품질, quality)와 m(고객만족, cs) 간의 조절변수(w)

조절변수인 w(친밀감, friendship)가 x(품질, quality)와 y(고객충성도, cl) 간에 개입된 경우, 거래기업과 친밀감(w)이 높다고 생각할수록 고객충성도는 낮아진다고 해석할 수 있다.

품질(x)과 고객만족(y) 사이의 친밀감(w)이 고객충성도(y)에 미치는 영향과 관련하여 직접효과와 간접효과를 그리기 위해서 다음과 같이 SPSS Syntax창에 입력할 수 있다.

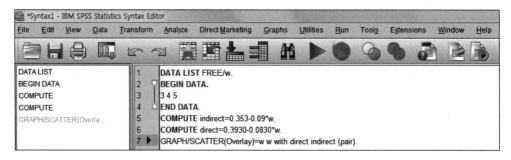

[그림 7-9] 직접효과와 간접효과 그리기 명령문

범위를 정하고 ▶(Run Selection) 단추를 누르면 다음과 같은 결과를 얻을 수 있다.

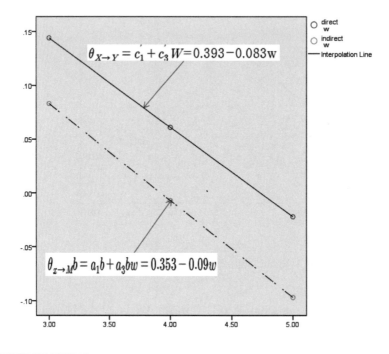

[그림 7-10] 직접효과와 간접효과

이를 통해 통계적으로는 유의하지 않으나 친밀감(w)이 높을수록 품질이 고객충성도에
미치는 직접효과와 간접효과는 낮아짐을 알 수 있다.

2-5 Amos 이용

1단계: Amos 프로그램을 이용하여 헤이즈 교수의 8번 통계모델을 분석하기 위해 먼저 다음과 같이 그림을 그린다.

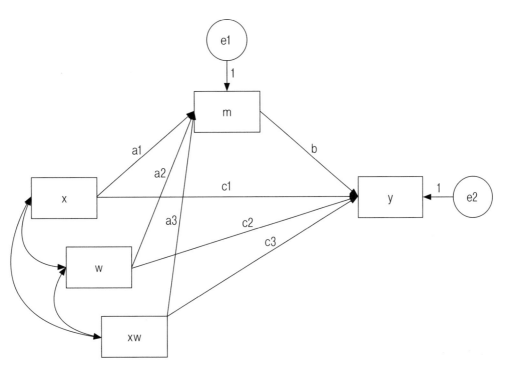

[그림 7-11] Amos 경로도형 (데이터 ch7.amw)

2단계: Amos 프로그램의 왼쪽 하단에 `Not estimating any user-defined estimand.`를 누른다. 이어

Define new estimands를 누르고 다음과 같은 명령어를 입력한다.

[그림 7-12] Estimand 명령어 (데이터 ch7.SimpleEstimand)

```
conditionalindirecteffect=(a1+a3*4)*b
directeffect=c1+c3
totaleffect=conditionalindirecteffect+directeffect
```

3단계: 이어서 View → Analysis Properties → Bootstrap 단추를 누른다. 이후 다음과
같이 지정한다.

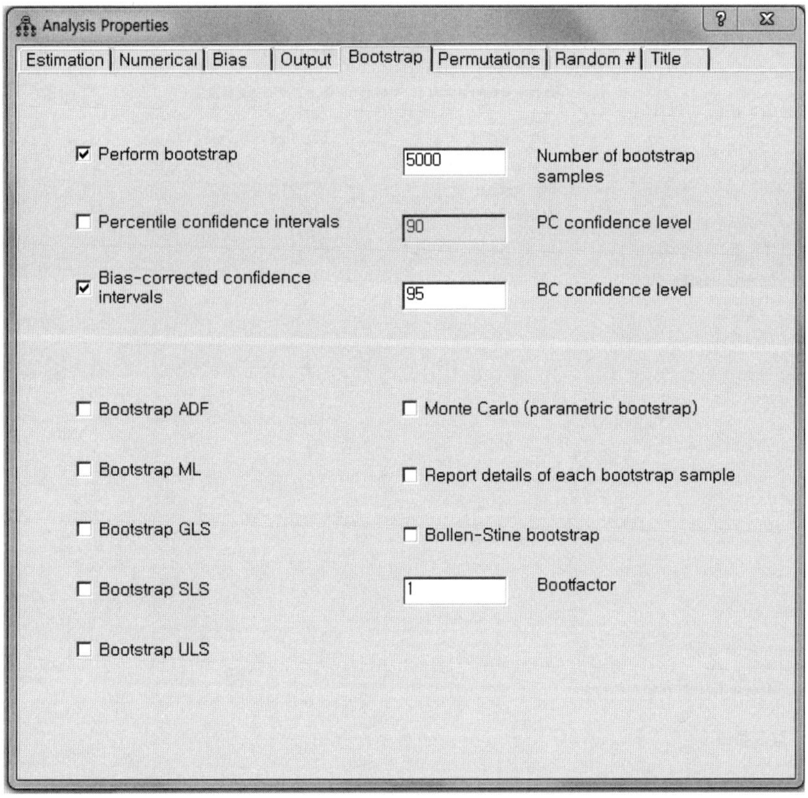

[그림 7-13] Amos Bootstrap 지정

4단계: ▦(Calculate Estimate) 단추를 눌러 실행한다. 그러면 다음과 같은 결과를 얻을 수 있다.

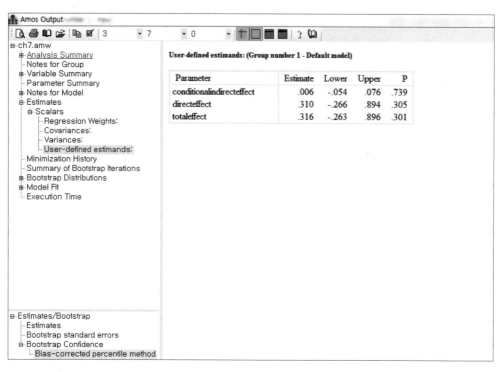

[그림 7-14] 결과화면

결과 해석 조건부 간접효과(conditional indirect effect)의 계산 값은 0.006이다. 신뢰구간은 [-.054 .076]으로 신뢰구간 안에 '0'이 포함되어 있어 유의하지 않음을 알 수 있다. 직접효과(direct effect)는 0.310으로 신뢰구간 [-.266 .894] 안에 '0'이 포함되어 있어 유의하지 않음을 알 수 있다. 마찬가지로 총효과(total effect)는 0.316으로 신뢰구간 [-.263 .896]에 '0'이 포함되어 있어 유의하지 않은 것으로 해석할 수 있다.

2-6 R 이용

R 프로그램을 이용하여 헤이즈 교수의 8번 모델을 분석하기 위해 다음과 같은 명령어를 입력한다.

```
library(lavaan)
library(psych)
library(MBESS)
library(semPlot)
sql=read.csv("K:/data/sql.csv")
mod2 <- "# a path
        m ~ a1 * x
        m  ~ a2 * w
        m  ~ a3 * xw

        # b paths
        y ~ b * m


        # c prime path
        y ~ c1 * x
        y ~ c2 * w
        y ~ c3 * xw

        # index of conditional indirect effects and direct effect
        indirect effect := (a1 + a3*4)*b
        direct effect := c1+c3"
fit <- sem(mod2, data = sql, se = "bootstrap", bootstrap = 5000)
summary(fit, standardized = TRUE, fit.measures = TRUE)
parameterestimates(fit, boot.ci.type = "bca.simple", standardized = TRUE)
diagram<-semPlot::semPaths(fit,
                        whatLabels="std", intercepts=FALSE, style="lisrel",
                        nCharNodes=0,
                        nCharEdges=0,
                                    curveAdjacent  = TRUE,title=TRUE,
layout="tree2",curvePivot=TRUE)
```

[그림 7-15] R명령어 (데이터 ch7.R)

```
Regressions:
                      Estimate   Std.Err   z-value   P(>|z|)    Std.lv   Std.all
  m ~
    x         (a1)      0.477     0.202     2.362     0.018      0.477     1.017
    w         (a2)     -0.057     0.135    -0.422     0.673     -0.057    -0.075
    xw        (a3)     -0.117     0.049    -2.396     0.017     -0.117    -1.111
  y ~
    m         (b)       0.738     0.183     4.045     0.000      0.738     0.372
    x         (c1)      0.393     0.399     0.986     0.324      0.393     0.422
    w         (c2)      0.055     0.282     0.195     0.845      0.055     0.037
    xw        (c3)     -0.083     0.095    -0.871     0.384     -0.083    -0.397

Variances:
                      Estimate   Std.Err   z-value   P(>|z|)    Std.lv   Std.all
    .m                  0.359     0.054     6.652     0.000      0.359     0.748
    .y                  1.507     0.174     8.686     0.000      1.507     0.797

Defined Parameters:
                      Estimate   Std.Err   z-value   P(>|z|)    Std.lv   Std.all
    indirecteffect      0.006     0.032     0.202     0.840      0.006    -1.274
    directeffect        0.310     0.306     1.013     0.311      0.310     0.025
```

[그림 7-16] 경로계수

결과 해석 경로계수 및 각종 수치에 대한 해석은 앞에서 충분히 다루었기 때문에 여기서는 생략한다. 앞의 해석방법을 따르면 된다.

	lhs	op	rhs	label	est	se	z	pvalue	ci.lower	ci.upper	std.lv	std.all	std.nox
1	m	~	x	a1	0.477	0.202	2.362	0.018	0.092	0.886	0.477	1.017	0.688
2	m	~	w	a2	-0.057	0.135	-0.422	0.673	-0.348	0.180	-0.057	-0.075	-0.082
3	m	~	xw	a3	-0.117	0.049	-2.396	0.017	-0.212	-0.021	-0.117	-1.111	-0.169
4	y	~	m	b	0.738	0.183	4.045	0.000	0.369	1.086	0.738	0.372	0.372
5	y	~	x	c1	0.393	0.399	0.986	0.324	-0.365	1.205	0.393	0.422	0.286
6	y	~	w	c2	0.055	0.282	0.195	0.845	-0.449	0.649	0.055	0.037	0.040
7	y	~	xw	c3	-0.083	0.095	-0.871	0.384	-0.273	0.106	-0.083	-0.397	-0.060
8	m	~~	m		0.359	0.054	6.652	0.000	0.267	0.486	0.359	0.748	0.748
9	y	~~	y		1.507	0.174	8.686	0.000	1.240	1.934	1.507	0.797	0.797
10	x	~~	x		2.185	0.000	NA	NA	2.185	2.185	2.185	1.000	2.185
11	x	~~	w		0.039	0.000	NA	NA	0.039	0.039	0.039	0.029	0.039
12	x	~~	xw		8.940	0.000	NA	NA	8.940	8.940	8.940	0.919	8.940
13	w	~~	w		0.841	0.000	NA	NA	0.841	0.841	0.841	1.000	0.841
14	w	~~	xw		2.165	0.000	NA	NA	2.165	2.165	2.165	0.359	2.165
15	xw	~~	xw		43.270	0.000	NA	NA	43.270	43.270	43.270	1.000	43.270
16 indirecteffect := (a1+a3*4)*b				indirecteffect	0.006	0.032	0.202	0.840	-0.051	0.079	0.006	-1.274	0.005
17 directeffect :=			c1+c3	directeffect	0.310	0.306	1.013	0.311	-0.272	0.930	0.310	0.025	0.225

[그림 7-17] 경로계수 및 신뢰구간

결과 해석 경로계수 및 각종 수치에 대한 신뢰구간의 해석은 앞에서 충분히 다루었기 때문에 여기서는 생략한다. 앞의 해석방법을 따르면 된다.

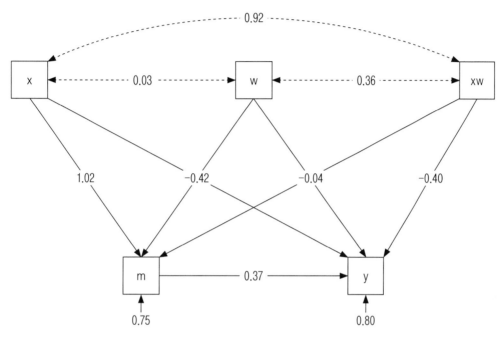

[그림 7-18] 경로도형 및 경로계수

결과 해석 경로도형에 각 경로계수가 표시되어 있다. 자세한 사항은 [그림 7-16]과 [그림 7-17]의 결과를 참고하면 된다.

연습문제

1 조건부 프로세스 모델 분석에서 개념모델을 통계모델로 전환해야 하는 이유를 설명하라.

2 헤이즈 교수가 제시한 8번 모델에 대해서 설명하고, 조건부 간접효과를 수학식으로 표현해보자.

성공을 이어가려면 본업 경쟁력에 집중해야 한다.

8장

인과모델과
조건부 프로세스
모델링

학습목표

1. 인과모델에 관한 기본 개념을 이해한다.
2. 조건부 프로세스 모델링의 개념과 예제를 숙지한다.
3. 관련 통계량을 계산하는 방법을 이해하고 설명할 수 있다.

1 인과관계 모델링

1-1 인과관계 모델링 원칙

모델(model)은 현실에 대한 축소판으로 연구자의 배태된 지능, 연구자의 농축된 생각, 행동 가능한 기준 틀, 연구 프레임이라는 용어로 불릴 수도 있다. 건축가가 집을 짓기 위해서 사전에 설계도면을 만들듯이 연구자는 연구의 비전과 전체 흐름을 한눈에 파악할 수 있는 연구모델을 만든다. 연구모델은 연구상황을 바라보는 연구자의 '마음의 창'이라고 할 수 있다. 정리하면, 모델은 이론과 경험적 사실을 조작화해놓은 것으로 같은 상황, 같은 환경 속에서도 연구모델을 어떻게 설정하느냐에 따라 결과가 천양지차로 달라질 수 있다. 따라서 연구자는 지금의 연구성과에 도취되어 미래에 나아가야 할 연구방향에 대한 고민을 게을리해서는 안 된다.

관심주제에 대하여 연구모델을 제대로 설정하는 것만으로도 연구진행이 수월해질 수 있다. 연구자가 당면한 문제를 해결하기 위해서 생각을 구조화하려면, 혼란과 중복을 피하면서 전체를 볼 수 있는 능력을 키워야 한다. 연구자는 MECE(Mutually Exclusive Collectively Exhaustive, MECE) 사고를 생활화해야 한다. MECE 사고는 관심주제 영역의 개념들이 서로 배타적이면서 부분의 합이 전체를 설명할 수 있도록 나타내는 것을 말한다. 이를 구조방정식모델(Structural Equation Model, SEM)의 세 가지 성립조건에 맞게 설명할 수 있다. 인과관계를 나타내는 구조방정식모델의 세 가지 성립조건은 병발발생조건, 시간적 우선순위, 외생변수 통제이다.

● **병발발생조건(concomitant variation)**

원인이 되는 현상변수와 요인, 그리고 결과를 나타내는 변수와 요인이 같이 존재해야 함을 나타낸다. 예를 들어, 간절한 꿈을 설정하는 것이 학점 변화에 영향을 미친다면, 두 변수는 병발발생조건에 해당한다고 볼 수 있다. 또 다른 예로, 한파가 인체에 미치는 영향에 관한 연구에 관심을 갖는 연구자가 있다고 하자. 강추위는 혈관을 수축시키고 혈압을 올려 뇌경색과 심근경색 발생 위험을 증가시킨다. 손, 목, 얼굴 등 피부 표면의 혈관을 수축시켜 피부손상을 가져온다. 전립선비대증 악화로 소변이 차도 소변이 나오지 않는 요폐현상을 유발시킨다. 영하 1도씩 떨어질 때마다 돌연사 위험이 2% 증가하고 저체온증 환자가 8% 증가한다. 병발발생조건과 관련하여 이를 그림으로 나타내면 다음과 같다.

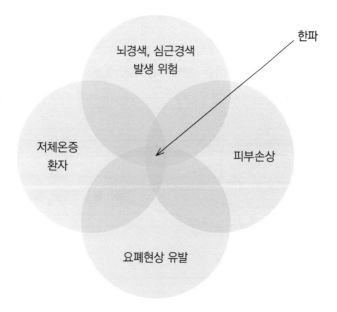

[그림 8-1] 병발발생조건

● **시간적 우선순위(time order of occurrence)**

원인이 되는 현상을 나타내는 독립변수가 결과에 해당하는 종속변수보다 시간적으로 먼저 발생하는 경우를 말한다. 부모의 유전적 형질은 독립변수에 해당하고 아이들의 유전적 형질은 종속변수에 해당한다.

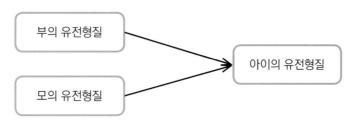

[그림 8-2] 시간적 우선순위

● **외생변수 통제(elimination of other possible causal factors)**

종속변수에 영향을 주는 독립변수들이 제한되어 있는 것을 가정한다. 다시 말해, 외생변수 통제는 다른 독립변수들이 종속변수에 영향을 주어서는 안 된다는 원칙이다. 복잡한 시스템 내부에서도 연구자는 이론적인 배경과 경험적인 사실에 근거하여 종속변수에 영향을 미치는 독립변수를 명징하게 찾아내야 한다. 이는 어려운 작업이지만 어찌 보면 연구자의 능력과 관련된 문제이다. 예를 들어, '분임조 활성화(종속변수)는 CEO의 의지와 분임조의 자발적인 노력에 의해서 결정된다'라는 가설이 이에 해당한다고 볼 수 있다.

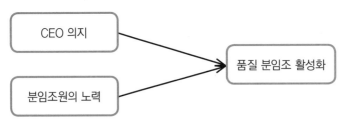

[그림 8-3] 외생변수 통제 1

소득격차가 교육격차로 이어지는 현상은 현재 사회적으로 문제가 되고 있다. 한 국책연구소가 수능자료를 분석한 결과, 부모세대의 경제적 지위(직업, 학력, 소득)가 자녀의 대학진학에 결정적인 영향을 미치는 것으로 나타났다. 이 내용을 다음과 같이 인과모형으로 나타낼 수 있다.

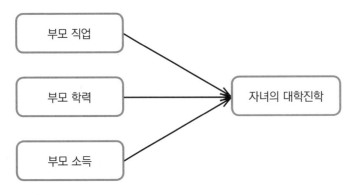

[그림 8-4] 외생변수 통제 2

연구자들은 사회현상이나 관심주제에 대하여 원인과 결과의 관계를 정확히 밝혀냄으로써 문제를 근본적으로 해결하고 올바른 의사결정을 할 수 있다. 인과관계를 명확히 파악하는 작업은 복잡한 현상에 대한 이해와 설명, 예측을 위해 매우 중요하다. 연구자는 현상을 설명하는 개념들이 서로 배타적이면서 부분의 합이 전체를 설명할 수 있도록 하는 MECE 사고를 해야 한다. 인과관계를 나타내는 기본 요건인 병발발생조건, 시간적 우선순위, 외생변수 통제 등을 기준으로 인과모델을 수립해야 한다. 즉 인과모델에는 명징한 이론적 배경과 현장실무경험이 담겨 있어야 한다.

인과모델 수립 과정에서는 모형 식별이 반드시 이루어져야 한다. 모형 식별(model identification)은 탄탄한 이론적 배경과 경험 축적을 바탕으로 명증하면서도 엄격하게 이루어져야 한다. 특히 요인과 변수, 요인과 요인 사이의 화살표 연결은 내키는 대로 하는 것이 아니라 강력한 이론적 배경(strong theoretical foundation)을 바탕으로 해야 한다. 모형 식별 과정에서 연구자가 참고할 만한 논문은 리머(Leamer, 1982)의 글이다. 그는 "떼까마귀가 사는 나무 그늘 아래에서 작물이 더 잘 자란다면 그것은 나무 그늘 때문일까 새똥 때문일까?"라고 묻는다. 이제 이 질문에 대한 답을 독자 여러분이 생각해보고 내놓아야 할 차례이다.

구조방정식모델 세 가지 성립조건

- 병발발생조건(concomitant variation)
- 시간적 우선순위(time order of occurrence)
- 외생변수 통제(elimination of other possible causal factors)

1-2 인과모델의 예

미국의 유명 시인인 랠프 왈도 에머슨(Ralph Waldo Emerson)은 "얕은 사람은 운을 믿고 강한 사람은 원인과 결과를 믿는다"라고 이야기했다. 위대한 개인이나 조직은 주된 성공 요인을 단순히 운이나 환경 덕분으로 돌리지 않는다. 그들은 인과관계를 굳게 믿고 신중한 선택과 규율 있는 실행을 게을리하지 않는다. 연구자는 하나의 연구로 모든 것을 해결하겠다는 과욕을 버려야 한다. 완벽한 연구만을 고집하다 보면 정작 아무 결실도 맺을 수 없는 경우가 발생하기 마련이다. 작은 연구부터 차근차근 진행하고 모자란 점은 후속 연구에서 또 진행하면 된다.

인과모델은 원인과 결과를 나타내는 것을 말한다. 연구자가 인과모델을 정교하게 수립하면 보다 쉽게 문제해결의 실마리를 찾을 수 있다. 인과관계는 그림모형, 언어모형, 수학모형 등으로 나타낼 수 있다.

그림모형은 연구자가 관심 가지고 있는 시스템을 시각적으로 형상화한 것을 말한다. 인과모델을 이미지로 시각화하기 위해서는 앞에서 언급한 병발발생조건, 시간적 우선순위, 외생변수 통제 등의 인과관계 성립요건이 충족되어야 한다. 구조방정식모델은 측정모델(measurement model)과 이론모델(structural model)로 구성된다.

측정모델은 잠재요인(latent factor)과 변수의 관련성을 나타낸 것이다. 여기서 잠재요인이란 측정변수들의 압축정보를 정교하게 요약해놓은 개념(construct)을 말한다. 연구자는 측정모델을 아무렇게나 구축하는 것이 아니라 명징한 근거를 토대로 만들어야 한다. 측정모델의 구축은 도형이나 화살표로 한다.

[표 8-1] 인과도형과 설명

도형	설명
○	동그라미는 잠재요인을 표시하는 모형으로 ξ(ksi)와 η(eta)로 표시한다. 변수들의 대표적인 상징적 개념이 잠재요인이다.
□	네모는 잠재요인을 측정한 변수로 실제 값에 해당한다.
→	화살표는 영향관계를 표시하는 데 사용한다. 잠재요인 간 연결과 측정변수와 오차항의 연결에도 화살표가 이용된다.
↔	측정오차 간의 상호 관련성을 연결하거나 잠재요인 간의 관련성을 나타내는 데 사용한다.

예를 들어, 개인의 성공태도(ξ_1)와 광적인 규율(ξ_2)은 성공행동의도(η_1)에 영향을 미치고, 다시 성공행동의도(η_1)는 실행력(η_2)에 영향을 미친다는 일반적이고 명징한 내용이 있다고 하자. 연구자는 이론적 배경하에서 [그림 8-5]와 같이 연구모형을 표현할 수 있다.

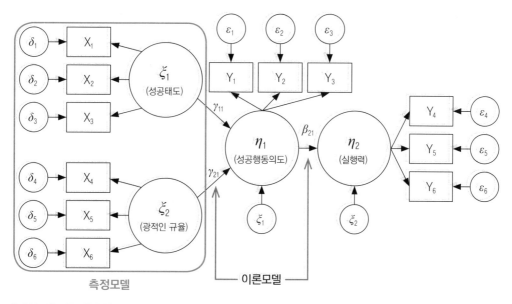

[그림 8-5] 그림모형의 예

이처럼 그림으로 연구모형을 나타내기 위해 연구자는 평소 관심주제에 대하여 수많은 논문과 책을 읽고 이론적 지식 축적에 힘을 쏟아야 한다. 아울러 자신의 연구모델을 주변 동료나 전문가들에게 자주 보여주어야 한다. 이를 위해서 휴대용 파일과 A4 용지를 항상 준비하고 다니는 것이 좋다.

언어모델은 연구가설(research hypothesis)을 말한다. 가설은 잠정적인 진술이다. 연구가설은 충분한 이론적 배경과 경험적 사실을 바탕으로 수립해야 한다. 연구자가 관심을 갖고 있는 연구주제에 등장하는 잠재개념(latent construct)들을 직선의 화살표로 나타낸 것이 연구가설이 된다. 연구가설의 개수는 이론모델의 숫자, 즉 요인에서 요인으로 연결된 화살표의 숫자가 된다. [그림 8-5]에서는 세 개의 연구가설을 설정할 수 있다.

- H_1: 개인의 성공태도(ξ_1)는 성공행동의도(η_1)에 유의한 영향을 미칠 것이다.
- H_2: 광적인 규율(ξ_2)은 성공행동의도(η_1)에 유의한 영향을 미칠 것이다.
- H_3: 성공행동의도(η_1)는 실행력(η_2)에 유의한 영향을 미칠 것이다.

수학모델은 연구자가 제시한 그림모형이나 언어모델을 수학적인 식으로 표현한 것이다. 이 수학적인 식은 리스렐 프로그램에도 그대로 사전에 입력되기 때문에 연구자는 수학모델의 표시방법을 알아놓는 것이 유리하다. 특히, 박사논문을 준비하는 연구자나 저명한 학술지에 투고하고자 하는 연구자들은 수학모델도 표기하여 자신의 수학지식도 보여줄 수 있어야 한다.

측정모델에서 각 요인들과 측정변수들 간의 관련성을 식으로 표현할 수 있다. 앞의 예에 나와 있는 독립요인(ξ_1: 개인의 성공태도, ξ_2: 광적인 규율)은 X_1, X_2, X_3, X_4, X_5, X_6 변수가 사용되고 있다. 종속요인(η_1: 성공행동의도, η_2: 실행력)은 Y_1, Y_2, Y_3, Y_4, Y_5, Y_6 변수가 사용되고 있다.

독립요인에 대한 측정모델을 수학모델로 표현해보자. 독립요인에 대한 측정모델의 일반적인 수학모델을 나타내면 다음과 같다.

$$X = \Lambda_X \bullet \xi + \delta \qquad \text{(식 8-1)}$$

여기서 X는 X_i변수의 행렬, Λ_X는 $\Lambda_{X_{ij}}$의 계수행렬, ξ는 독립잠재요인(ξ)의 행렬, δ는 독립변수들의 오차항을 나타낸다. 모든 하부첨자를 입력할 때는 변수를 화살표에 있는 개념, 즉 화살표가 도착하는 곳의 개념의 하부체를 먼저 달고 다음으로 화살표가 출발하는 개념의 하부체를 나중에 표기한다.

이와 연관지어 측정변수별로 수학모델을 나타내면 다음과 같다.

$$X_1 = \lambda_{x11} \bullet \xi_1 + \delta_1$$
$$X_2 = \lambda_{x12} \bullet \xi_1 + \delta_2$$
$$X_3 = \lambda_{x13} \bullet \xi_1 + \delta_3$$
$$X_4 = \lambda_{x24} \bullet \xi_2 + \delta_4$$
$$X_5 = \lambda_{x25} \bullet \xi_2 + \delta_5$$
$$X_6 = \lambda_{x26} \bullet \xi_2 + \delta_6 \qquad \text{(식 8-2)}$$

독립변수와 요인 간의 관련성을 나타낸 측정모델에서 측정오차항(δ_1, δ_2, δ_3, δ_4, δ_5, δ_6) 간의 분산-공분산행렬을 나타낼 수 있다. 이 분산-공분산행렬은 θ_δ(theta-delta)로 나타낼 수 있다. 구조방정식모델의 기본 가정에는 측정오차들 간에는 서로 관련되지 않는 것, 즉 측정오차들은 서로 독립적이라는 내용이 포함된다. 따라서 θ_δ행렬은 다음과 같은 대각행렬(diagonal matrix)로 나타낼 수 있다.

$$\theta_\delta = \begin{vmatrix} \theta_{\delta 1} & 0 & 0 & 0 & 0 & 0 \\ 0 & \theta_{\delta 2} & 0 & 0 & 0 & 0 \\ 0 & 0 & \theta_{\delta 3} & 0 & 0 & 0 \\ 0 & 0 & 0 & \theta_{\delta 4} & 0 & 0 \\ 0 & 0 & 0 & 0 & \theta_{\delta 5} & 0 \\ 0 & 0 & 0 & 0 & 0 & \theta_{\delta 6} \end{vmatrix} \qquad \text{(식 8-3)}$$

이어서 종속요인에 대한 측정모델을 수학모델로 표현해보자. 종속요인에 대한 측정모델의 일반적인 수학모델을 나타내면 다음과 같다.

$$X = \Lambda_Y \bullet \eta + \varepsilon \qquad \text{(식 8-4)}$$

여기서 Y는 Y_i변수의 행렬, Λ_Y는 $\Lambda_{Y_{ij}}$의 계수행렬, η는 독립잠재요인(η)의 행렬, ε는 종속변수들의 오차항을 나타낸다.

이와 연관지어 측정변수별로 수학모델을 나타내면 다음과 같다.

$$\begin{aligned} Y_1 &= \lambda_{y11} \bullet \eta_1 + \varepsilon_1 \\ Y_2 &= \lambda_{y12} \bullet \eta_1 + \varepsilon_2 \\ Y_3 &= \lambda_{y13} \bullet \eta_1 + \varepsilon_3 \\ Y_4 &= \lambda_{y24} \bullet \eta_2 + \varepsilon_4 \\ Y_5 &= \lambda_{y25} \bullet \eta_2 + \varepsilon_5 \\ Y_6 &= \lambda_{y26} \bullet \eta_2 + \varepsilon_6 \end{aligned} \qquad \text{(식 8-5)}$$

독립변수와 요인 간의 관련성을 나타낸 측정모델에서 측정오차항($\epsilon 1$, $\epsilon 2$, $\epsilon 3$, $\epsilon 4$, $\epsilon 5$, $\epsilon 6$) 간 분산-공분산행렬을 나타낼 수 있다. 이 분산-공분산행렬은 θ_ε으로 나타낼 수 있다. 구조방정식모델의 기본 가정에는 측정오차들 간에 서로 관련되지 않는 것, 즉 측정오차들은 서로 독립적이라는 내용이 포함된다. 따라서 θ_ε행렬은 다음과 같은 대각행렬로 나타낼 수 있다.

$$\theta_\varepsilon = \begin{vmatrix} \theta_{\epsilon 1} & 0 & 0 & 0 & 0 & 0 \\ 0 & \theta_{\epsilon 2} & 0 & 0 & 0 & 0 \\ 0 & 0 & \theta_{\epsilon 3} & 0 & 0 & 0 \\ 0 & 0 & 0 & \theta_{\epsilon 4} & 0 & 0 \\ 0 & 0 & 0 & 0 & \theta_{\epsilon 5} & 0 \\ 0 & 0 & 0 & 0 & 0 & \theta_{\epsilon 6} \end{vmatrix} \qquad \text{(식 8-6)}$$

다음으로 잠재요인과 잠재요인을 연결하는 이론모델을 나타내는 방법을 알아보자. 이론모델은 회귀분석이나 경로분석에서의 추정 회귀식과 동일한 개념이라고 볼 수 있다. 잠재요인인 $\xi_1, \xi_2, \eta_1, \eta_2$ 간의 관계를 나타내는 모델이 이론모델에 해당한다.

$$\eta_1 = \gamma_{11} \cdot \xi_1 + \gamma_{12} \cdot \xi_2 + \xi_1$$
$$\eta_2 = \beta_{21} \cdot \eta_1 + \xi_2 \qquad \text{(식 8-7)}$$

앞의 식은 행렬식으로 나타낼 수 있다.

$$\begin{bmatrix} \eta_1 \\ \eta_2 \end{bmatrix} = \begin{vmatrix} 0 & 0 \\ \beta_{21} & 0 \end{vmatrix} \begin{vmatrix} \eta_1 \\ \eta_2 \end{vmatrix} + \begin{vmatrix} \gamma_{11} & \gamma_{12} \\ 0 & 0 \end{vmatrix} \begin{vmatrix} \xi_1 \\ \xi_2 \end{vmatrix} + \begin{vmatrix} \varsigma_1 \\ \varsigma_2 \end{vmatrix} \qquad \text{(식 8-8)}$$

구조방정식모델은 다음과 같은 가정으로 분석이 이루어진다. 그리스 문자를 기준으로 나타내기로 한다.

- 잔차요인(ζ)과 잠재요인(ξ, η) 간에는 상관관계가 없다.
- 원인 잠재요인(ξ)과 측정오차(δ) 사이에는 상관관계가 없다.
- 결과잠재요인(η)과 측정오차(ϵ) 사이에는 상관관계가 없다.
- 잔차요인(ζ)과 측정오차(δ, ϵ) 사이에는 상관관계가 없다.
- 결과잠재요인(η) 간의 대각선 원소는 0이다.

구조방정식모델에서 사용되는 그리스 문자와 관련 내용을 표로 나타내면 다음과 같다.

[표 8-2] 구조방정식 그리스 문자와 설명

표기		발음	내용
χ^2	X^2	chi-squared	우도비율
β	B	beta	내생요인 → 내생요인 경로 표시
γ	Γ	gamma	독립요인과 측정변수 표시
δ	Δ	delta	독립요인의 측정변수 오차항
ϵ	E	epsilon	내생요인의 측정변수 오차항
ζ	Z	zeta	구조오차항
η	H	eta	내생요인
θ	Θ	theta	오차항 간의 관련성
λ	Λ	lambda	독립요인과 측정변수 간의 경로계수
ξ	Ξ	xi, ksi	독립요인
ϕ	Φ	phi	독립요인 간의 상관계수
ψ	Ψ	psi	내생 잠재요인의 오차항 간의 상관관계

구조방정식모델 분석은 몇 가지 특징이 있다. 첫째, 요인을 구성하는 관찰변수의 측정오차를 고려하기 때문에 잠재요인 간 구조계수를 정확하게 계산할 수 있다. 둘째, 연구모델에서 총효과에 해당하는 직접효과(direct effect)와 간접효과(indirect effect) 크기를 정확하게 계산할 수 있다. 셋째, 분석자는 확인요인분석(Confirmatory Factor Analysis, CFA)을 통해서 측정문항의 신뢰도와 타당도를 계산할 수 있다.

1-3 인과모델 종류

우리가 살고 있는 사회는 인과모델의 확장인 네트워크로 구성되어 있다. 개인, 기업, 병원, 은행, 신용회사, 정부 등 모든 사회경제 주체들은 성장을 위해 노드(구조방정식모델에서는 '요인')끼리 연결이 이루어진다. 이 연결이 소위 링크(link)이다. 링크는 구조방정식모델에서 경로계수이다. 각 경로계수에 해당하는 링크는 서로 다른 가중치를 갖는다. 연구자는 방향과 가중치 결과를 보고 의사결정의 근거로 삼을 수 있다.

연구자가 다양한 종류의 연구모델을 알고 있거나 차별적인 연구모델을 개발할 수 있는 역량을 가지고 있다면 이는 큰 은혜라고 할 수 있다. 연구주제에 따라 적용 가능한 다양한 종류의 모형을 알고 있다면 연구는 그만큼 수월해질 수 있다. 즉 연구에 도움을 받을 수 있는 다양한 모델을 알고 있으면 직업, 재능, 경험에 상관없이 누구나 현업에서 큰 성과를 얻을 수 있다.

연구자는 무분별하게 외국 모델을 모방하기보다 창조적으로 변용하여 현업에 적용시키려고 노력해야 한다. 연구모델에 대한 이해를 높이기 위해 이론과 객관적인 사실로 끊임없이 무장하고, 현장의 생생한 목소리를 파악할 수 있도록 몸으로 부대끼면서 소중한 경험을 쌓아야 한다. 현장을 체득한 후 독특한 연구모델을 개발하고 적용해보아야 한다.

구조방정식모델에 관심을 갖는 연구자들은 주로 피쉬바인 모델, 서비스 이익사슬 모델, 미국 고객만족모델 등을 관심주제에 맞게 변형해서 사용하고 있다.

● 피쉬바인(Fishbein) 확장모델

피쉬바인의 확장모델은 개인의 태도와 주관적 규범은 행동의도에 영향을 미치고, 행동의도는 행동에 영향을 미친다는 심리행동학적 원리를 이용하여 나타낸 것이다. 피쉬바인의 확장모델은 마케팅, 심리학, 사회학, 교육공학, 법학, 간호학, 의학, 스포츠 경영학 등 다양한 분야에서 이용되고 있다.

피쉬바인의 확장모델을 그림으로 나타내면 다음과 같다.

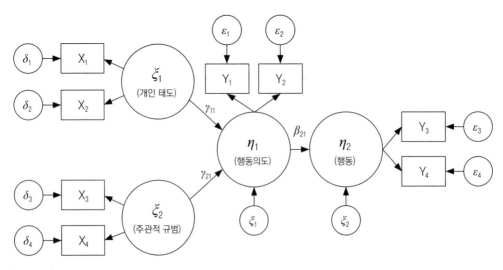

[그림 8-6] 피쉬바인의 행위확장모델

여기서 Wi는 가중치, AB(ξ_1)는 태도, SN(ξ_2)은 주관적 규범, BI(η_1)는 행동의도, B는 행동(η_2)을 나타낸다.

$$W_1AB(\xi_1) + W_2SN(\xi_2) = BI(\eta_1){\sim}B(\eta_2) \qquad \text{(식 8-9)}$$

● 서비스 이익사슬모델(Service Profit Model, SPC)

헤스켓과 동료들(Heskett et al., 1994)은 경영전문잡지인 〈하버드 비즈니스 리뷰〉에 서비스 이익사슬 관련 연구를 발표하였다. 이 연구의 주된 내용은 다음과 같다. 조직 내부품질의 원천은 종업원 만족으로 종업원의 만족도는 충성도로 이어지고 생산성의 증대는 서비스 품질과 업무 역량이 향상되는 선순환 효과를 보여준다. 특히 조직 내부 종업원의 경쟁력은 고객의 서비스 가치로 이어지고, 서비스 가치는 고객만족과 충성도로 차례로 연결됨을 알 수 있다. 서비스 이익사슬에서 서비스 가치와 만족의 원천은 내부품질 향상임을 알 수 있다. 개인이나 조직은 절대로 품질만은 양보할 수 없다. 소비자들이 특정 상품이나 서비스를 사는 이유는 왠지 특별해 보이기 때문이다. 최상의 품질은 서비스 가치와 만족도로 이어지고 브랜드 이미지와 고객충성도에 영향을 미친다. 내부품질에 대한 헌신이 지속될 때 프리미엄 브랜드 이미지가 구축되고 소비자들은 기꺼이 지갑을 연다.

서비스 이익사슬모델을 그림으로 나타내면 다음과 같다.

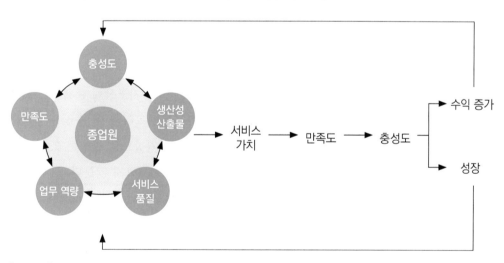

[그림 8-7] 서비스 이익사슬모델

● 미국 고객만족모델(America Customer Satisfaction Model, ACSI)

미국은 각 기관 평가를 위해서 고객만족모델을 개발하여 매년 평가·발표하고 있다. 고객은 구매 전에 기대를 가지며 구매 후 품질을 인지하고 가치를 인지하게 된다. 그런 다음 고객만족 정도를 평가한다. 이 고객만족은 고객불평, 고객충성도와 연관되어 있음을 알 수 있다.

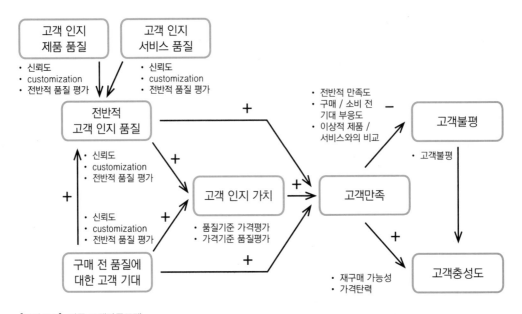

[그림 8-8] 미국 고객만족모델
자료: http://www.theacsi.org/images/stories/images/about/model_lg.gif

　　세상에는 수많은 연구모델이 존재할 수 있다. 어찌 보면 현재 지구상에 존재하는 사람보다 많은, 즉 70억 개 이상의 모델이 존재한다고 볼 수 있다. 그러나 이 수많은 연구모델이 모두 사회현상을 완벽하게 설명할 수는 없다. 통계학의 거장으로 꼽히는 조지 박스(George E. P. Box, 1979)는 "모든 면에서 들어맞는 모델은 존재하지 않는다. 하지만 어떤 면에서 유용하게 적용될 수 있는 모델은 있다(All models are wrong. Some models are useful. This frame work is helpful for understanding, at least in part)"라고 말했다. 연구자는 이 말의 의미를 항상 마음속에 새겨야 할 것이다. 모든 연구모델이 완벽할 수 없는 만큼 연구자는 당면한 문제를 해결하기 위해서 끊임없이 노력해야 할 것이다.

● 고객만족모델

미국 노스웨스턴대학교 캘로그 경영대학원의 다운 이아코부치(Dawn Iacobucci) 교수와 그의 동료교수는 '상이한 고객만족 경로(different paths to satisfaction)'에 대한 연구결과를 〈하버드 비즈니스 리뷰〉에 발표했다. 문화적으로나 종교적으로 다른 아시아, 라틴 아메리카, 북유럽, 남유럽 등이 유사한 고객만족 경로를 보이는 경우도 있었지만 서로 상이한 결과를 보이는 경우도 있었다. 여기서는 아시아인을 대상으로 한 경로를 나타내기로 한다.

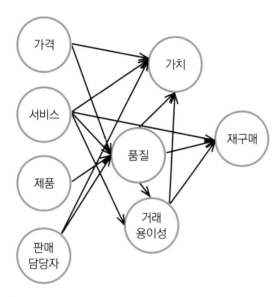

[그림 8-9] 고객만족모델- 아시아

연구결과는 시간, 방법, 장소에 따라 항상 달라질 수 있으므로 연구자들은 '상이한 고객만족 경로' 연구결과를 응용한 연구를 스스로 해보면 나름 의미가 있을 것이다.

● 사회경제지수와 생활만족도 모델

국민의 삶의 만족도 척도인 사회경제지수(socio-economic index)는 삶의 만족도와 관계가 있다. 다양한 모델이 있는데 여기서는 일반적인 모델을 소개하기로 한다. 실업률(unemployment rate), 인프레이션율(inflation rate), 성장률(growth rate), 이자율(interest rate)이 생활만족도(life satisfaction)에 미치는 영향을 알아보기 위한 모델이다.

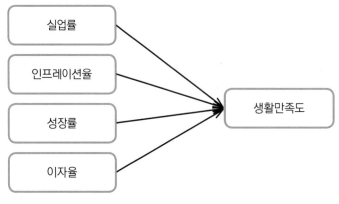

[그림 8-10] 사회경제지수와 생활만족도 모델

2 구조방정식모델에서 조건부 프로세스 모델

구조방정식모델(Structural Equation Modeling, SEM)에서 조건부 프로세스 모델
(conditional process model)을 이해하기 위해서는 먼저 교차타당성 분석의 개념을 이해하
고 지식을 확장하는 것이 유리하다.

2-1 PROCESS와 SEM 비교

구조방정식모델에서 조건부 프로세스 모델 분석 방법을 살펴보기 전에 프로세스
(PROCESS)와 구조방정식모델(SEM)의 차이점을 확인해볼 필요가 있다. 다음 표는
PROCESS와 SEM을 비교해놓은 것이다.

[표 8-3] PROCESS와 SEM의 비교

PROCESS	구분	SEM
최소자승법(Ordinary Least Square, OLS)	추정방식	최대우도법(Maximum Likelihood, ML)
오차가 다름	표준오차	오차가 다름
소표본	표본수	대표본
t분포	분포 가정	정규분포
변수 간의 선형모델 (최소자승법에 의한 회귀분석모델)	분석 가능 모델	잠재요인과 변수조합모델 분석 가능

구조방정식모델(SEM)과 달리, PROCESS는 선형적인 최소자승법(OLS)에 의해서 계산되며 표본이 소표본인 경우도 가능하다. 특히 PROCESS는 't분포'의 가정을 따른다.

2-2 교차타당성 분석

연구자는 연구모델(측정모델, 이론모델)이 특정 집단 간에 같은지 다른지에 관심을 가질 수 있다. 교차타당성(cross-validation)은 성별, 문화적인 특성(인종, 민족, 종교집단 등), 국가에 따라 동일한 분석결과를 보이는지 확인하는 방법이다. 만약, 집단마다 동일한 분석결과를 보인다면 교차타당성을 보인다고 해석한다. 이처럼 교차타당성 분석은 같은 모집단 자료를 집단별로 분리하여 분석하였을 경우, 같은 특성을 보이는지 여부를 알아보기 위한 방법이다. 교차타당성은 불변성(invariance) 또는 등가성(equivalence)이라는 단어와 함께 사용할 수 있다. 불변성은 집단 간 변동 차이가 없음을 나타내며, 등가성은 힘과 영향력의 크기가 동일한 경우를 말한다. 예를 들어, 어느 현상에 대해서 성별에 따라 같은 반응을 보일 것이라는 이론적인 배경을 바탕으로 한 연구모형을 수립하였다고 하자. 이 경우에 연구자는 성별에 따른 불변성이나 등가성을 확인하기 위해서 교차타당성 분석을 실시할 수 있다.

각 집단 간 차이를 확인하는 방법을 다중집단분석(Multi-Group Analysis, MGA)이라고 한다. 분석자는 다양한 인구통계학적인 변수를 이용하여 집단분석을 실시할 수 있다. 교차타당성 분석은 확인요인분석(Confirmatory Factor Analysis, CFA)과 이론모형(Structural Equation Modeling, SEM) 분석에 적용할 수 있다. 교차타당성을 분석하는 방법은 크게 유연 교차타당성(loose cross validation), 강한 교차타당성(strong cross validation) 방법이 있다.

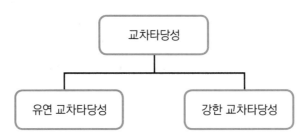

[그림 8-11] 교차타당성

　유연 교차타당성은 동일 모집단에서 사전에 분리된 집단자료, 또는 군집분석 이후에 생성된 군집자료를 통해서 구조방정식모델 분석을 실시할 수 있다. 유연 교차타당성은 특별한 제약(constraint)을 하지 않고 집단 간 차이를 분석하는 것이 주된 특징이다. 강한 교차타당성 분석은 각 과정마다 제약 정도를 달리하는 방법이다. 분석자는 제약 정도에 따른 χ^2의 변화량을 확인하여 의사결정을 하면 된다. 즉, 강한 교차타당성은 집단 간 경로의 계수가 동일하다는 제약의 강도를 높여가면서 집단 간 차이를 분석하는 방법이다. 다중집단(multi-group) 비교는 다음 순서로 진행하면 된다.

- 1단계: 각 집단마다 모델의 적합도와 경로계수를 확인한다.
- 2단계: 집단별 비제약 모델에서 적합도와 경로계수를 계산한다.
- 3단계: 집단 간 모수가 같다는 제약을 한다.
- 4단계: $\Delta\chi^2$, Δdf 비교를 통해서 교차타당성 여부를 확인한다.

　이 경우에는 $\Delta\chi^2$와 Δdf로 계산되는 유의확률을 확인한다. 이어 귀무가설 채택 여부를 결정한다. $\Delta\chi^2$ 통계량은 추가 제약이 적합도를 감소시키는지 여부를 판단하는 통계량이다. 분석자는 다음과 같은 귀무가설 채택 여부를 결정하면 된다.

- H_0: 집단 간 교차타당성이 있을 것이다. 또는 추가적인 제약은 적합도를 악화시키지 않을 것이다. $p > \alpha = 0.05$
- H_1: 집단 간 교차타당성은 없을 것이다. 또는 추가적인 제약은 적합도를 악화시킬 것이다. $p < \alpha = 0.05$

교차타당성 분석은 집단 간 차이를 분석한다는 측면에서 조절효과 분석과 유사하다고 할 수 있다. 조절효과(moderation effect)는 변수나 요인 사이의 관계를 체계적으로 변화시키는 제3의 변수나 요인을 의미한다. 조절변수는 종속변수를 설명하는 데 사용된 독립변수로, 설명변수(explanatory variable)라고 부를 수 있다.

2-3 조건부 프로세스 모델

구조방정식모델에서 조건부 프로세스는 독립요인과 종속요인 간의 관계에서 추정의 직접효과와 간접효과, 조절분석(moderation analysis)과 매개분석(mediation analysis) 속성의 조합을 분석하는 것을 말한다. 아래 그림은 구조방정식모델에서 조건부 프로세스 모델의 예를 나타낸 것이다.

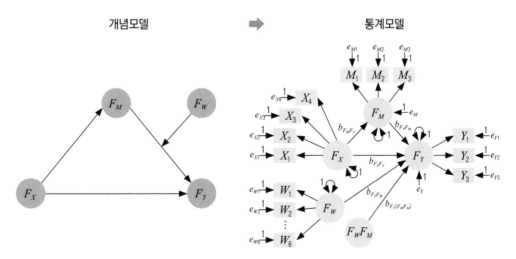

[그림 8-12] 조건부 프로세스 모델

출처: Hayes, A. F. & Preacher, K. J. (2013). *Conditional Process Modeling Using Structural Equation Modeling to Examine Contingent Causal Processes, Structural Equation Modeling: A Second Course* (2nd ed.). North Carolina: Information Age Publishing.

앞 그림에서 보듯이 개념모델을 실제로 분석하기 위해서는 통계모델로 전환을 해야 한다. 이 과정에서 분석자는 매개요인과 조절요인의 상호작용항 또는 적항(product term)을 만들어야 한다. 상호작용항은 매개요인과 조절요인을 구성하는 변수들을 서로 곱해서 새로운 변수로 만든 것을 말한다.

곱하기 항을 만들 경우 자료치로부터 평균 간의 차이, 즉 편차점수의 곱으로 나타낼 수 있는데 이를 '평균중심화(mean centering)'라고 한다. 과거에는 변수 간의 적항을 만드는 데 평균중심화를 주로 이용했지만, 헤이즈(Hayes, 2018) 교수 이외에 많은 연구자들은 평균중심화를 중요하게 생각하지 않는다. 이들은 직접효과와 간접효과는 결과 해석의 문제이기 때문에 분석 전에 평균중심화를 하는 것은 직접효과와 간접효과의 추정치를 변화시키지 않는다고 주장한다.

3 | 조건부 프로세스 분석

3-1 예제

연구자는 중소기업의 사회적 책임활동이 기업의 이미지, 신뢰, 입사지원의도에 미치는 영향과 관련하여 연구를 실시하려고 한다. 이를 위해서 다음과 같이 연구모델을 그릴 수 있다.

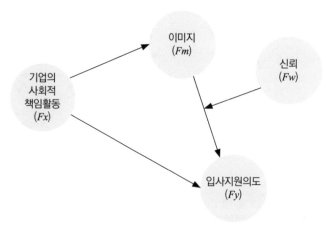

[그림 8-13] 연구모델

연구가설은 다음과 같다.

- H$_1$: 기업 이미지(Fm)가 기업의 사회적 책임활동(Fx)과 입사지원의도(Fy)를 매개할 것이다.
- H$_2$: 신뢰(Fw)는 기업 이미지(Fm)와 입사지원의도(Fy) 사이에서 유의한 조절효과를 보일 것이다. 즉, 통합적으로 신뢰는 조절된 매개효과가 있을 것이다.
- H$_3$: 기업의 사회적 책임활동(Fx)은 입사지원의도(Fy)에 유의한 영향을 미칠 것이다.

이 연구를 위한 설문지는 다음과 같이 제작할 수 있다.

[표 8-4] 요인과 설문문항

요인	측정문항
기업의 사회적 책임활동(Fx)	기업은 종업원과 지역사회를 위해서 최선을 다한다.
	기업은 협력사와의 상생을 위해서 노력한다.
이미지(Fm)	○○기업은 호감이 간다.
	○○기업은 차별적인 이미지를 갖는다.
신뢰(Fw)	○○기업의 제품은 믿을 만하다.
	○○기업의 고객 서비스는 확신이 간다.
입사지원의도(Fy)	취업 시 ○○기업에 지원할 생각이 있다.
	취업 시 ○○기업을 우선으로 고려하고 있다.

설문조사는 대학생 150명을 대상으로 실시하였다. 다음 그림은 이에 대한 데이터 일부이다.

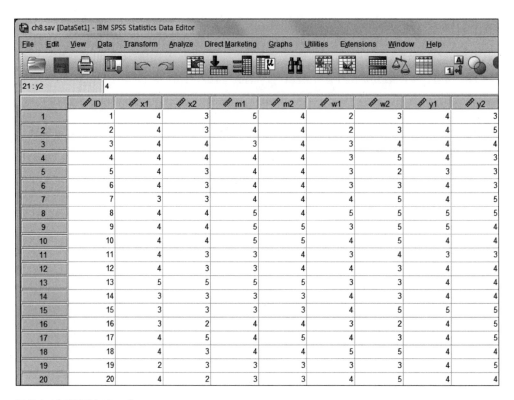

[그림 8-14] 데이터 (ch8.sav)

3-2 Amos 실행

1단계: Amos로 분석을 실시하기에 앞서 적항(product term)을 만들기 위해서 SPSS의 syntax창에서 다음과 같은 명령문을 작성하고 실행한다.

```
compute m1w1=m1*w1.
compute m1w2=m1*w2.
compute m2w1=m2*w1.
compute m2w2=m2*w2.
```

2단계: Amos 프로그램에서 다음과 같이 경로도형을 그린다.

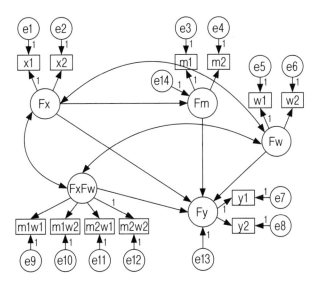

[그림 8-15] 경로도형 (데이터 ch8.amw)

3단계: 각 요인과 요인을 연결한 경로에 알파벳 라벨을 명명한다. 이를 위해 object properties(ctrl+O), parameters, regression weights를 누른다.

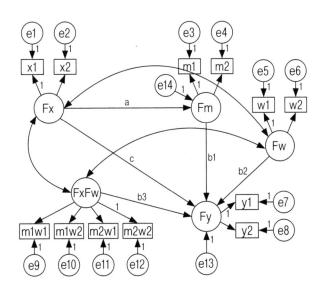

[그림 8-16] 경로에 문자 입력하기

4단계: Amos 프로그램의 하단에 Not estimating any user-defined estimand. 를 누른다. 이어 Define new estimands를 누르고 다음과 같은 명령어를 입력한다.

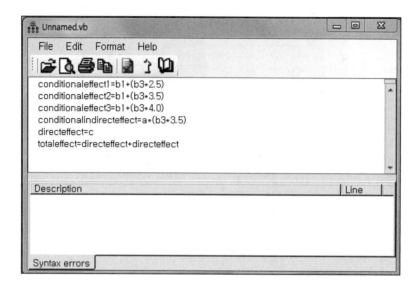

```
conditionaleffect1=b1+(b3*2.5)
conditionaleffect2=b1+(b3*3.5)
conditionaleffect3=b1+(b3*4.0)
conditionalindirecteffect=a*(b3*3.5)
directeffect=c
totaleffect=directeffect+directeffect
```

[그림 8-17] User defined estimand 명령어

5단계: File-Check syntax(Alt+S)를 누른다. File-Save As 단추를 눌러 ch8.
　　　SmpleEstimand로 저장한다. 이어 Exit 단추를 눌러 경로도형 화면으로 복귀한다.

6단계: View → Analysis Properties → Bootstrap 단추를 누른다. 이후 다음과 같이 지
　　　정한다.

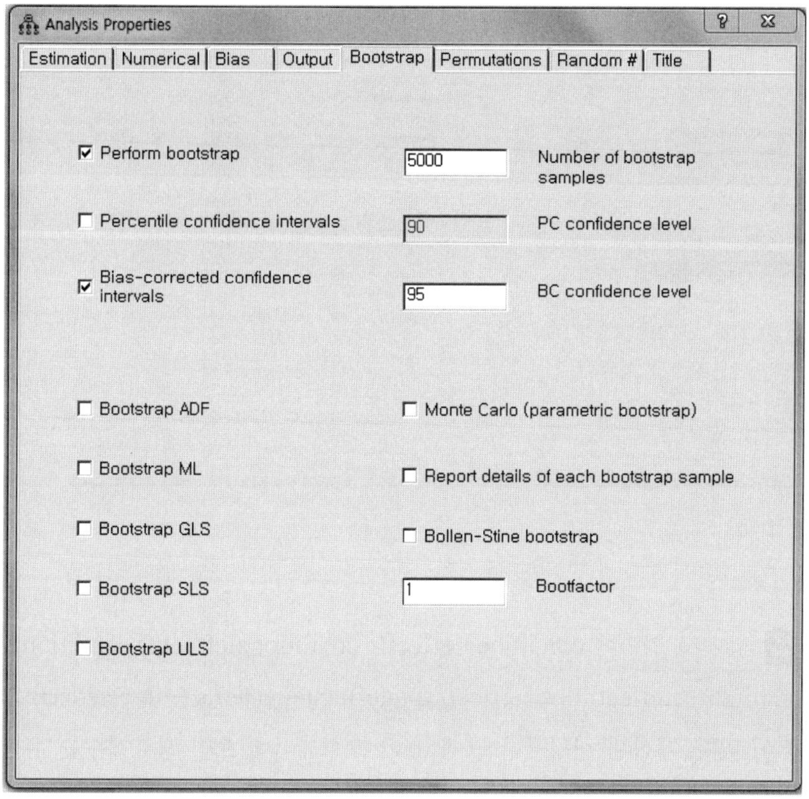

[그림 8-18] Amos Bootstrap 지정

7단계: 📟(Calculate Estimate) 단추를 눌러 실행한다. 그러면 다음과 같은 결과를 얻을 수 있다.

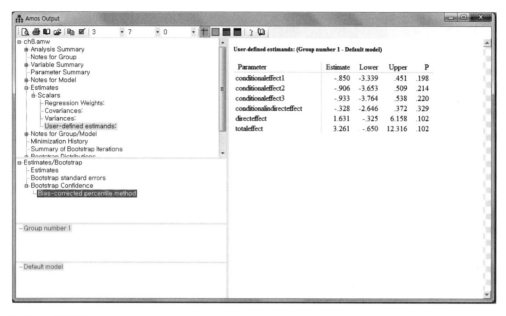

[그림 8-19] 결과물

결과 해석 앞에서 입력한 conditionaleffect1, conditionaleffect2, conditionaleffect3, conditionalindirecteffect, directeffect, totaleffect(directeffect+directeffect)에 대한 값이 계산되어 있다. 계산된 신뢰구간 안에 '0'이 포함되어 있으면 경로계수는 유의하지 않은 값이며, '0'이 포함되어 있지 않으면 유의한 값으로 판단할 수 있다.

3-3 R 실행

R 프로그램에서 구조방정식모델의 조건부 프로세스 모델을 분석하기 위한 명령문을 다음과 같이 입력한다. 이어서 실행키를 누르면 된다.

```
library(lavaan)
library(psych)
library(MBESS)
library(semPlot)
ch8=read.csv("F:/ch8.csv")
model <- "Fx =~ x1 + x2
Fm =~ m1 + m2
Fw =~ w1 + w2
FmFw =~ m1w1 + m1w2 + m2w1 + m2w2
Fy =~ y1 + y2
Fm ~ a*Fx
Fy ~ c*Fx + b1*Fm + b2*Fw + b3*FmFw

# index of moderated mediation and conditional indirect effects
ab3 := a * b3
normie := a * b1 + ab3 * -3.5
fitie := a * b1 + ab3 * 3.5"
fit <- sem(model, data = ch8, se = "bootstrap", bootstrap = 5000)
summary(fit, standardized = TRUE, fit.measures = TRUE)
parameterestimates(fit, boot.ci.type = "bca.simple", standardized = TRUE)
```

[그림 8-20] R 명령어 (데이터 ch8.R)

Latent Variables:						
	Estimate	Std.Err	z-value	P(>|z|)	Std.lv	Std.all
Fx =~						
x1	1.000				0.589	0.572
x2	0.855	0.093	9.181	0.000	0.504	0.498
Fm =~						
m1	1.000				0.932	0.874
m2	0.926	0.072	12.875	0.000	0.863	0.874
Fw =~						
w1	1.000				0.579	0.612
w2	1.648	0.338	4.883	0.000	0.954	0.903
FmFw =~						
m1w1	1.000				4.462	0.825
m1w2	1.273	0.115	11.030	0.000	5.682	0.947
m2w1	0.939	0.057	16.387	0.000	4.188	0.792
m2w2	1.216	0.124	9.766	0.000	5.424	0.951
Fy =~						
y1	1.000				0.677	0.822
y2	0.824	6.213	0.133	0.894	0.558	0.636

[그림 8-21] 측정모델

결과 해석 요인을 구성하는 측정변수의 관련 계수와 표준오차, z값, 확률(*p*), 표준화 값 등이 나타나 있다.

Regressions:							
		Estimate	Std.Err	z-value	P(>|z|)	Std.lv	Std.all
Fm ~							
Fx	(a)	1.691	0.239	7.069	0.000	1.069	1.069
Fy ~							
Fx	(c)	1.631	25.011	0.065	0.948	1.418	1.418
Fm	(b1)	-0.712	12.764	-0.056	0.956	-0.980	-0.980
Fw	(b2)	0.617	23.221	0.027	0.979	0.527	0.527
FmFw	(b3)	-0.067	4.385	-0.015	0.988	-0.443	-0.443

[그림 8-22] 회귀계수

결과 해석 요인 간 관계를 나타내는 회귀계수가 나타나 있다. 이와 관련한 *p*값도 나타나 있다.

	lhs	op	rhs	label	est	se	z	pvalue	ci.lower	ci.upper
38	ab3	:=	a*b3	ab3	-0.114	7.372	-0.015	0.988	-1.765	0.112
39	normie	:=	a*b1+ab3*-3.5	normie	-0.805	31.870	-0.025	0.980	-5.185	0.841
40	fitie	:=	a*b1+ab3*3.5	fitie	-1.602	32.347	-0.050	0.960	-7.373	0.976

[그림 8-23] 신뢰구간

결과 해석 분석자가 관심 깊게 살펴보고자 한 조절변수의 신뢰구간 상한값과 하한값이 나타나 있다. 계산된 신뢰구간 범위 안에 '0'이 포함되어 있으면 유의하지 않은 값이며 '0' 이 포함되어 있지 않으면 유의한 값이라고 판단한다.

연습문제

1 인과모델과 조건부 프로세스 모델의 차이점을 설명해보자.

2 다(多) 요인이 포함된 조건부 프로세스 모델을 설정하고, 이를 동료들과 함께 토론해보자.

3 다음은 필자가 평소 생각하는 대학 선택요인에 관한 연구모델이다. 설문지를 구성해보고 실증분석 후 결론과 시사점을 언급해보자.

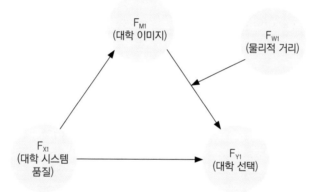

[그림 8-24] 대학 선택요인에 관한 연구모델

3부

조건부 프로세스 분석 요약 및 Q&A

지속적으로 콘텐츠를 생산하는 능력을 개발해야 한다.

9장

올바른 매개효과, 조절효과, 조건부 프로세스 분석*

학습목표

1. 매개효과, 조절효과, 조건부 프로세스 개념을 확실하게 이해한다.
2. 보고서나 논문을 작성하는 데 필요한 정보, 결과해석 방법을 숙지한다.

* 본 장의 내용은 2018년 12월 14일, 한국고객만족경영학회 2018년 정기학술세미나에서 발표된 원고임을 밝힌다.

최근 경영학, 사회학, 심리학, 간호학, 공공행정학 분야 등에서 조건부 프로세스 분석에 대한 관심이 높아지고 있다. 매개변수와 조절변수가 합쳐진 연구모델을 조건부 프로세스 모델(conditional process model)이라고 부르며, 이에 대한 분석방법을 조건부 프로세스 분석(conditional process analysis)이라고 한다.

본 연구에서는 매스 관점에서 올바른 매개효과, 조절효과, 그리고 조건부 프로세스 분석 방법을 제시하고자 한다. 매스(MAS)란 연구자가 제안하는 것으로 모델링(Modeling), 분석(Analysis), 전략제안(Strategy Suggestion)의 연구 프로세스를 말한다. 또한 본 연구에서는 복원추출을 통해서 추정치를 판단하는 부트스트래핑(bootstrapping) 중 BCI(Biased-Corrected Bootstrap Intervals)에 대한 설명을 다루어 결과해석 방법과 관련하여 유용한 정보를 제공할 것이다. 이 연구는 관련 연구자나 실무 종사자들에게 도움을 줄 것이다.

1 서론

연구(research)는 사회문제를 해결하는 과정으로, 현상(자연현상·사회현상)에 대해 사전적 또는 사후적으로 대비책을 마련하는 것이다. 연구는 복잡한 현상에 이론을 적용하는 과정에서 시작된다. 이를 위해서는 현상에 대한 개념화(conceptualization)가 중요하다. 개념(concept)은 연구를 원활하게 하기 위해서 만들어진 내용이다. 연구자들은 개념을 요인(factor)과 혼용해서 사용하는데, 연구를 순조롭게 진행하기 위해서는 개념에 대하여 명확하게 정의를 내려야 한다.

우리 사회와 문화에 영향을 미치는 것은 정체성(identification)이라고 할 수 있다. 종교, 인종, 교육수준, 성별에서 느끼는 정체성은 시대정신과 문화에 영향을 미친다. 이러한 정체성이 언제 그리고 어떻게 영향을 미치는지 연구하는 것에 대한 관심사가 증대되고 있다. 즉 관련 연구분야에서 어떻게(how)와 언제(when)를 파악하는 것이 중요해졌다. 연구분야에서 '어떻게'와 '언제'의 문제는 인과분석 연구의 핵심이라고 할 수 있다.

실제 연구상황에서 논리성이나 인과 관련 정황이 낮은 변수들을 투입하거나 시간적인 우선성이 고려되지 않은 변수를 투입하여 분석하는 경우가 있다. 이에 대한 심각한 고민이 필요한 시점이다. 연구에서 심리적이고 인지적이며 생물학적 프로세스인 메커니즘, 즉 이벤트의 인과모델을 수립하고 이를 실증분석하는 일은 매우 어렵지만 그만큼 의의 있는 작업이라고 할 수 있다.

인간의 심리적 요인을 측정하고 실증분석하는 것은 쉽지 않은 문제이다. 심리요인 분석에서 변수나 요인이 어떻게(how) 서로 작용하고, 이 변수와 요인을 언제(when) 투입시킬 것이며 어떻게 분석할 것인지 등의 문제는 복잡하다. 일반적으로 어떻게에 해당하는 문제는 매개분석(mediation analysis)으로 해결한다. 매개분석의 목표는 원인변수 x가 하나 또는 두 개 이상의 변수를 통해서 y에 미치는 영향을 측정하는 데 있다.

언제 또는 때와 관련된 문제는 조절분석(moderation analysis)을 통해서 해결할 수 있다. 조절분석은 제2의 독립변수가 제2의 조절변수와 상호작용하는 y에 대한 x의 영향 크기를 구하는 방법이다. 조절변수에는 성별, 나이, 개인적 특성 등 인구통계학적인 변수가 많이 사용된다.

조건부 프로세스 분석은 한 변수의 효과가 다른 변수에 영향을 미치는 메커니즘의 본질을 이해하고 기술하는 것이다. 조건부 프로세스 분석, 조건부 프로세스 모델링의 기본 목표는 변수에 의해 다른 변수에 영향이 전달되는 연구모델에서 통합적인 메커니즘의 본질을 이해하고, 조건부 효과와 같은 영향력을 계산하고 기술하는 데 있다. 조건부 프로세스 분석은 연구모델에서 문맥(context), 상황(circumstance), 개인적 차이(individual difference) 등을 고려하여 이를 분석 변수에 투입해 세밀한 분석을 실시하는 데 유용하다.

오늘날 많은 연구자들이 통합 연구모델에 관심을 갖기 시작하였다. 연구모델이나 가설 설정 파트에서도 매개변수와 조절변수를 조합하고 분석에서 통합적인 분석을 시도하는 경우가 종종 나타나고 있다. 매개변수와 조절변수가 합쳐진 연구모델을 조건부 프로세스 모델이라고 부르며, 이를 분석하는 방법을 조건부 프로세스 분석이라고 한다. 조건부 프로세스 분석은 헤이즈와 프리처(Hayes & Preacher, 2013)에 의해서 명명된 단어이다. 조건부 프로세스 분석의 주된 목적은 연구 메커니즘상에서 조건적인 본질을 규명하는 것이다. 조건부 프로세스 분석은 최근 사회학, 행동과학, 공공의료, 사회과학, 정치과학, 경영학 등의 학문 분야에서 폭넓게 사용되고 있다(Hayes, 2018).

조건부 프로세스 분석은 연구모델상에 존재하는 변수들 간의 매개효과와 조절효과에 대하여 모형의 전체적인 관점에서 접근한다. 그리하여 독립변수(요인)와 종속변수(요인)

사이에서 다른 변수들의 매개효과와 조절효과의 결합으로 이루어진 심리 메커니즘의 흐름을 시스템적인 관점에서 파악하고 기술한다.

경로도형모형에서 예측변수가 매개변수를 통해서 종속변수에 영향을 미치는 매개효과(간접효과)가 조절변수의 값에 따라(conditional) 달라지는 것으로 이를 조건부 간접효과(conditional indirect effect)라고 부른다. 여기서 조절변수는 앞에서 이야기한 문맥, 상황, 개인적 차이에 해당하게 된다.

지금까지 나온 연구물의 대부분은 요인을 구성하는 변수들을 단일 변수로 변환하여 분석하거나, 또는 세부 분석과정에서 평균값을 기준으로 관련 그래프 처리방법을 이용하였다. 그러나 이는 정확한 통계분석방법이라고 할 수 없다. 본 연구는 매스(MAS) 관점에서 매개효과, 조절효과, 조건부 프로세스 분석을 올바르게 수행하는 방법을 제시하고자 한다. 매스란 모델링(Modeling), 분석(Analysis), 전략제안(Strategy Suggestion)의 연구 프로세스를 의미한다. 경험적으로 보면 연구나 컨설팅 수행 과정에서 모델링, 분석, 전략제안 세 가지 활동은 핵심적인 사항이며 이를 어떻게 하느냐에 따라 연구나 컨설팅 품질이 결정된다고 할 수 있다.

본 연구에서는 다양한 학문분야에서 관심이 많은 조건부 프로세스 분석에 대한 기본 개념을 알아보고 관련 예제를 제시하여 연구자들이 조건부 프로세스를 올바르게 분석하는 방법에 대하여 알아보고자 한다.

2 | 모델링과 조건부 프로세스 분석

2-1 모델링

연구모델(research model)은 연구자의 생각이나 사상을 농축적으로 나타낸 것이다(김계수, 2015). 즉 연구모델에는 연구자가 생각하는 어떤 사건이나 사물이 어떻게 작동하는지 원리 및 구조를 나타내는 메커니즘(mechanism)이 포함된다. 연구모델을 만드는 과정이 모델링이다. 연구모델을 만드는 과정에서 사물을 제대로 볼 수 있고 새로움의 본질을 꿰뚫어 볼 수 있는 연구자의 관(寬)이 중요하다. 요컨대 연구모델은 실제 세계에 대한 농축으로, 연구모델 구상 단계에서 연구자의 주도적인 생각은 매우 중요하다. 연구모델이 차별적 연구방향을 결정하기 때문에 연구 주체인 연구자의 생각과 창의성이 연구모델링 과정에 필요하다.

2-2 매개변수

매개변수(mediation variable)는 독립변수와 종속변수 간 관계를 설명하는 데 투입되는 변수로, 변수 관계에서 어떻게(how)와 관련된다. 매개변수는 시간적으로 독립변수와 종속변수 사이에 위치하게 되며 두 변수 사이에서 일종의 촉매작용을 한다. 따라서 매개변수는 독립변수와의 관계 규명에서 출발한다. 독립변수와 어떤 역할을 하느냐가 매개변수의 주된 관건이다. 연구과정에서 명징한 이론적 배경 없이 매개변수를 삽입하는 것은 연구방법에 허점이 있다는 지적을 불러올 수 있다.

　매개변수의 예를 들어보자. 연구자는 '독립변수인 몰입과 헌신, 종속변수인 지적 자산 성과 사이에서 주도적인 행동이 중간에 개입된다'라는 잠정적인 진술을 만들 수 있다. 이를 다음과 같은 그림으로 나타낼 수 있다.

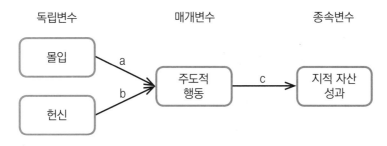

[그림 9-1] 매개변수

2-3 조절변수

연구자는 실제 연구에서 독립변수와 종속변수 사이의 관계를 상황별로 변화시키는 변수를 삽입할 수 있다. 이를 조절변수(moderation variable)라고 부른다. 조절변수는 제1의 독립변수와 종속변수 간에 관계를 체계적으로 변화시키는 제2의 독립변수를 말한다. 매개분석이 '어떻게(how)'에 해당하는 것을 분석하는 데 주안점을 둔다면, 조절분석은 '언제(when)'에 관한 답을 찾는 데 주안점을 둔다.

조절분석은 종속변수(y)에 대한 독립변수(x)의 영향 사이에서 제2의 조절변수(들)를 투입하였을 경우, 독립변수와 조절변수(들) 사이에서 상호작용 영향의 크기와 부호가 어떻게 되는지를 파악하는 방법이다. 예를 들어, 어느 조직의 업무 성과는 작업자의 태도에 의해서 영향을 받는다고 할 때, 조직 문화를 조절변수로 추가할 수 있다. 이 경우를 그림으로 나타내면 다음과 같다.

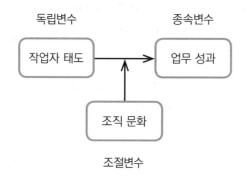

[그림 9-2] 조절변수

2-4 조건부 프로세스 효과 분석

우리가 처한 사회 환경과 경제 상황이 갈수록 복잡해지고 있다. 이러한 상황에서 단순히 매개변수나 조절변수만 가지고 심리적이고 감정적인 내용을 설명하기란 불완전하다. 연구자들은 매개변수와 조절변수를 동시에 투입해서 보다 정교하게 사회현상을 설명하는 것에 관심을 두기 시작하였다. 조건부 프로세스 분석은 조절변수와 매개변수가 연구모델 속에 동시에 포함된 내용을 분석하는 방법이다. 즉, 독립변수 x에 의한 종속변수 y로의 영향관계가 조건화된 1개 또는 2개 이상의 변수에 의해서 조절되는 모델을 말한다. 조건부 프로세스 분석은 한 변수의 효과가 다른 변수에 영향을 미치는 메커니즘의 본질을 이해하고 기술하는 것이다.

조건부 프로세스 분석, 조건부 프로세스 모델링의 기본 목표는 변수에 의해 다른 변수에 영향이 전달되는 연구모델에서 통합적인 메커니즘의 본질을 이해하고 조건부 효과와 같은 영향력을 계산하고 기술하는 데 있다. 즉, 조건부 프로세스 분석은 연구모델에서 문맥, 상황, 개인적 차이 등을 고려해 이를 분석 변수에 투입하여 보다 세밀한 분석을 하기 위한 것이다. 조건부 프로세스 분석은 조절된 매개(moderated mediation)와 매개된 조절(mediated moderation)로 나뉜다. 이러한 조건부 프로세스 분석은 실제로 사회과학, 행동과학, 의료과학, 심리학, 공공 행정학 등 여러 분야에서 광범위하게 다뤄지고 있다.

조건부 프로세스 분석은 매개된 조절효과와 조절된 매개효과를 통합적으로 분석하는 방법이다. 조건부 프로세스 분석의 목적은 연구모델상에 존재하는 변수들 간의 매개효과와 조절효과에 대하여 개별적으로 접근하는 것이 아니라 전체적인 관점에서 접근하는 것이다. 이로써 독립변수(요인)와 종속변수(요인) 사이에서 다른 변수들의 매개효과와 조절효과의 결합으로 이루어진 심리 메커니즘의 흐름을 시스템적인 관점에서 파악하고 기술할 수 있다.

경로도형모형에서 예측변수가 매개변수를 통해 종속변수에 영향을 미치는 매개효과(간접효과)가 조절변수의 값에 따라(conditional) 달라지는 것을 조건부 간접효과(conditional indirect effect)라고 부른다. 이때 조절변수에는 문맥, 상황, 개인적 차이 등이 해당된다.

조건부 프로세스 분석에서는 심리적이고 감정적인 내용의 입력과 산출을 정확히 수학적으로 표현할 수 있다. 이러한 과정은 강한 논리적 배경과 명증한 이론을 바탕으로 이루어져야 한다. 현상에 대한 심리적이고 행태적인 측면을 나타내는 입력과 산출물의 메커니즘은 수학적인 패턴이나 그림으로 나타낼 수 있다.

연구자는 먼저 탄탄한 이론적 배경을 토대로 개념모델(conceptual model or conceptual diagram)을 구축해야 한다. 이 개념모델을 곧바로 분석해줄 수 있는 통계 소프트웨어는 없기 때문에 연구자는 구축된 개념모델을 통계적 도형(statistical diagram)으로 변형해야 한다. 지금까지 연구자들이 주로 사용한 개념모델과 통계모델을 집대성해놓은 학자가 헤이즈(Hayes) 교수이다. 구글 검색창에서 'Hayes Process Template' 키워드를 입력하면 정리된 파일을 검색하고 다운로드받을 수 있다(http://www.personal.psu.edu/jxb14/M554/specreg/templates.pdf). 물론 연구자는 헤이즈 교수가 제안한 연구모델과 관계없이 논리적 정황이나 충분한 문헌고찰을 통해서 적합한 연구모델을 구상할 수 있다.

또한 연구자는 조건부 프로세스 모델의 분해를 이해하기 위해서 헤이즈 교수가 정리한 Process Template를 다운로드하여 각종 모델을 확인할 수 있다(www.afhayes.com). 여기서는 Hayes 7번 모델을 설명하기로 한다. 만약, m을 통한 y에 대한 x의 간접효과가 조절변수에 의존한다면 x와 y 간의 연결 메커니즘은 조건부(conditional)라고 명명한다. 많은 경우가 조건부에 해당할 수 있다. 예를 들어, 다음 [그림 9-3] 조건부 프로세스 모델의 왼쪽 개념모델에서 M에 대한 X의 효과는 W변수에 의해서 조절된다. 이 그림은 헤이즈 교수가 정리한 template 파일의 7번 모델에 해당한다.

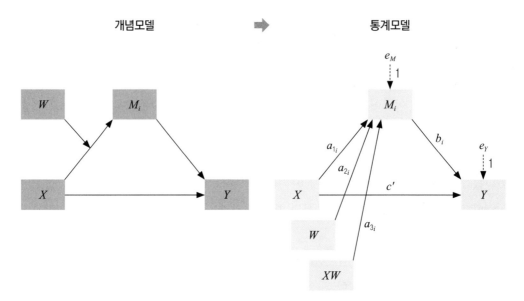

[그림 9-3] 조건부 프로세스 모델

조건부 프로세스 모델에서 개념모델은 통계모델로 변경하여 분석적으로 접근할 수 있다. 왼쪽 그림에서 X와 M변수 사이에는 조절변수 W가 개입된다. 이어 X와 Y 사이에는 매개변수 M이 삽입되어 있다. 또한 X는 Y에 직접적인 영향을 미치고 있다. X변수와 M변수 사이에는 조절변수 W가 있는데 이를 통계모델로 처리하기 위해서는 X변수와 W변수를 M으로 직접 향하게 하고 X와 W의 적항(product, 곱하기)을 만들어서 M으로 보내면 된다. 즉 조절항(moderate term)을 만들면 된다. 그리고 나머지 X와 M이 Y로 향하는 화살표를 유지한 상태에서 통계분석을 실시하면 된다.

이렇게 해서 나온 오른쪽 통계모델을 기준으로 두 가지 방정식을 만들 수 있다. 하나는 결과변수 M에 대한 방정식, 또 다른 하나는 결과변수 Y에 대한 것이다.

$$M = i_M + a_1X + a_2W + a_3XW + e_M \qquad \text{(식 9-1)}$$

$$Y = i_Y + c'X + bM + e_Y \qquad \text{(식 9-2)}$$

이 모델에서 간접효과는 간단한 매개모델에서와 같이 a_1과 b의 곱으로 정의할 수 있다. X변수와 Y변수 사이의 간접경로에 해당하는 X → M 간에 W에 의해서 조절되기 때문에 간접효과는 조건부가 된다.

(식 9-1)을 X에 대하여 정리하면 다음과 같이 나타낼 수 있다.

$$M = i_M + (a_1 + a_3W)X + a_2W + e_M$$

또한 이와 동일하게 또 다른 방법으로 나타낼 수 있다.

$$M = i_M + \theta_{X \to M}X + a_2W + e_M$$

여기서 $\theta_{X \to M}$은 M에 대한 X의 조건부 직접효과이다. 이는 다음과 같이 나타낼 수 있다.

$$\theta_{X \to M} = a_1 + a_3W$$

이 모델에서 X는 W에 의존하여 M에 영향을 미치는 조건부 간접효과 뿐만 아니라 Y에 영향을 미치는 직접효과를 갖는다. M을 통한 Y에 대한 X변수의 조건부 간접효과는 조건부 직접효과와 b의 곱으로 나타낼 수 있다($(a_1 + a_3W)b$). Y에 대한 x의 직접효과는 c'이다.

이 통계적 모델에서 총효과는 조건부 간접효과와 직접효과의 합으로 나타낼 수 있다.

$$\text{조건부 간접효과} = (a_1 + a_3 W)b$$
$$\text{직접효과} = \quad c'$$

$$\text{총효과} \quad = (a_1 + a_3 W)b + c'$$

다음은 헤이즈 교수가 정리한 14번 모델에 해당한다. 이는 M을 통한 X와 Y의 간접효과와 조절효과를 나타낸다. Y에 대한 X의 간접효과는 M → Y 사이의 W에 의한 조절을 통해 이루어지고 W에 의해 조건화됨을 나타낸다. 조건부 프로세스 연구모델을 통계모델로 나타내면 다음과 같다.

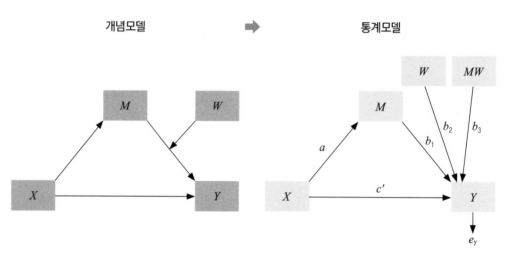

[그림 9-4] 조건부 프로세스 모델

앞의 통계모델을 방정식으로 나타내면 다음과 같다.

$$M = i_M + aX + e_M \tag{식 9-3}$$
$$Y = i_Y + c'X + b_1 M + b_2 W + b_3 MW + e_Y \tag{식 9-4}$$

매개모델(mediation model)에서처럼 Y에 대한 X의 영향력은 직접경로와 간접경로를 통해서 전달된다. X와 Y의 직접효과는 M변수와 독립적으로 연결된다. M을 통한 Y에 대한 X의 간접효과는 항상 그런 것처럼 X변수로부터 M 간에 직접효과 성분 a와 M변수로부터 Y 간에 경로계수의 성분이다. Y에 대한 M의 효과는 b_1이 아니다. 이 모델에서 Y에 대한 M의 효과는 W의 함수이다. (식 9-4)를 다시 M에 대해서 정리하면 다음과 같다.

$$Y = i_Y + c'X + (b_1 + b_3W)M + b_2W + e_Y \qquad \text{(식 9-5)}$$

Y에 대한 M의 조건부 효과($\theta_{M \to Y}$)는 $b_1 + b_3W$이다. 즉 조건부 효과는 W의 함수이다. 결과적으로 M을 통한 Y에 대한 X의 간접효과는 W의 함수이다. 즉 M을 통한 Y에 대한 X의 조건부 간접효과는 $a\theta_{M \to Y} = a(b_1 + b_3W) = ab_1 + ab_3W$의 함수이다. 이 함수에서 조절변수 w의 가중치는 ab_3이다. 이 가중치를 조절매개효과 지수(index of moderated mediation)라고 부른다(Hayes, 2018).

이 조건부 간접효과는 W에 의존하는 M을 통해 X에서의 차이들이 Y의 차이에 간접적으로 어떠한 영향을 미치는지 양적화하는 것이다. 만약 'W의 함수로서 X의 간접효과가 체계적으로 차이가 있다'고 한다면, M에 의한 Y에 대한 X의 매개효과는 W에 의해서 조절된다고 이야기한다. 이를 조절된 매개효과라고 부른다. 이 모델에서 직접효과는 직접 연결되어 조절되지 않았음을 알 수 있다.

이어서 Hayes 28번 모델과 관련하여 직접경로와 간접경로 모두에 2개의 조절효과 표시가 되어 있는 경우를 알아보자. W는 M에 대한 X의 조절효과를 통해서 간접효과를 조절하고, Z는 Y에 대한 M의 조절효과를 통해서 간접효과를 조절한다. 이와 동시에 Z는 X의 직접효과를 조절한다.

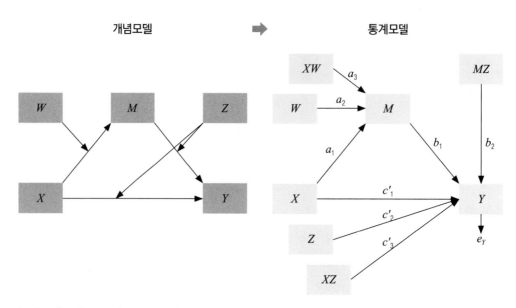

[그림 9-5] 조건부 프로세스 모델

오른쪽 통계모델을 식으로 나타내면 다음과 같다.

$$M = i_M + a_1 X + a_2 W + a_3 XW + e_M \qquad \text{(식 9-6)}$$
$$Y = i_Y + c'_1 X + c'_2 Z + c'_3 XZ + b_1 M + b_2 MZ + e_Y \qquad \text{(식 9-7)}$$

(식 9-6)에서 X를 괄호 밖 외항으로 정리하면 다음과 같이 나타낼 수 있다.

$$M = i_M + (a_1 + a_3 W) X + a_2 W + e_M$$

여기서 M에 대한 X의 조건부 효과($\theta_{X \to M}$)는 $a_1 + a_3 W$이다.

(식 9-7)에서 M을 괄호 밖 외항으로 정리하면 다음과 같이 나타낼 수 있다.

$$Y = i_Y + c_1'X + c_2'Z + c_3'XZ + (b_1 + b_2Z)M + e_Y$$

여기서 Y에 대한 M의 조건부 효과($\theta_{M \to Y}$)는 $b_1 + b_2Z$이다.

M을 통한 Y에 대한 X의 효과는 앞 두 조건부 효과의 곱이다. 이 조건부 간접효과는 다음과 같이 정의할 수 있다.

$$\theta_{X \to M}\theta_{X \to Y} = (a_1 + a_3W)(b_1 + b_2Z) = a_1b_1 + a_1b_2Z + a_3b_1W + a_3b_2WZ$$

X의 간접효과는 조절변수 W와 Z의 함수이다. 그러나 X의 직접효과는 Z에 의해서 조절되기 때문에 X의 직접효과는 Z의 함수이다.

$$\theta_{X \to Y} = c_1' + c_3'Z$$

총효과는 직접효과와 조건부 간접효과의 합이기 때문에 다음과 같이 나타낼 수 있다.

$$직접효과 = c_1' + c_3'Z$$
$$간접효과 = (a_1 + a_3W)(b_1 + b_2Z)$$

$$총효과 \quad = (c_1' + c_3'Z) + \{(a_1 + a_3W)(b_1 + b_2Z)\}$$

이제 좀 더 복잡한 병렬다중조절모델에 대해 알아보기로 하자. X와 Y의 직접경로 사이에는 조절변수가 없고, X와 Y 사이에 매개변수 M_1이 위치하며 이들 사이에 조절변수 W가 존재하는 것을 나타낸다.

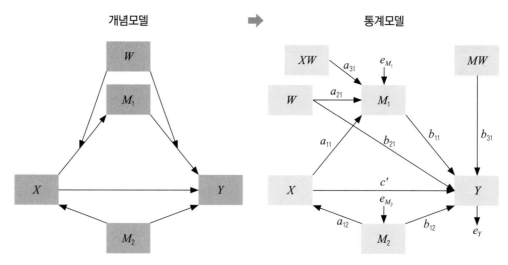

[그림 9-6] 복잡한 조건부 프로세스 모델

오른쪽 통계모델을 수학식으로 나타내면 다음과 같다.

$$M_1 = i_{M_1} + a_{11}X + a_{21}W + a_{31}XW + e_{M_1} \tag{식 9-8}$$
$$M_2 = i_{M_2} + a_{12}X + e_{M_2}$$
$$Y = i_Y + c'X + b_{11}M_1 + b_{12}M_2 + b_{21}W + b_{31}M_1W + e_Y \tag{식 9-9}$$

M_1에 대한 X의 효과를 나타내는 방정식에서 X에 대하여 정리하면 다음과 같다.

$$M_1 = i_{M_1} + (a_{11} + a_{31}W)X + a_{21}W + e_M$$

M_1에 대한 X의 효과($\theta_{X \to M_1}$)는 X의 괄호 속에 들어 있는 식인 $(a_{11} + a_{31}W)$이다.

Y에 대한 M_1의 효과는 (식 9-9)를 M_1으로 묶어내 구할 수 있다. Y에 대한 M_1의 효과

$(\theta_{M_1 \to Y})$는 $(b_{11} + b_{31}W)$이다. M_1을 통한 Y에 대한 X의 조건부 간접효과는 다음과 같은 식으로 나타낼 수 있다.

$$\theta_{X \to M_1} \theta_{M_1 \to Y} = (a_{11} + a_{31}W)(b_{11} + b_{31}W) = a_{11}b_{11} + (a_{11}b_{31} + a_{31}b_{11})W + a_{31}b_{31}W^2$$

위의 식에서 Y에 대한 X의 조건부 간접효과는 W의 2차 함수(quadrant function)임을 알 수 있다. 또한 Y에 대한 M_2의 직접효과는 c'이며 간접효과는 $a_{12}b_{12}$임을 알 수 있다.

따라서 Y에 대한 X의 총효과는 다음과 같음을 알 수 있다.

조건부 간접효과$(\theta_{X \to M_1} \theta_{X \to Y}) = (a_{11} + a_{31}W)(b_{11} + b_{31}W)$

간접효과 $= a_{12}b_{12}$

직접효과 $= c'$

총효과 $= (a_{11} + a_{31}W)(b_{11} + b_{31}W) + (a_{12} + b_{12}) + c'$

2-5 구조방정식모델에서의 조건부 프로세스

구조방정식모델(Structural Equation Model, SEM)의 장점은 잠재요인(latent factor)과 함께 다변수에 의해 발생하는 측정오차의 영향력을 감소시키며 교정하는 능력이 있다는 점이다. 이론적으로 잠재요인은 관심개념에 대한 오차가 없다. 그렇기 때문에 측정변수들은 잠재개념(요인)으로 반영되는 효과를 갖는다. 구조방정식모델링에서는 연구자가 복수의 관측변수를 사용함으로써 측정오차의 효과를 감소시켜 정확한 분석이 가능하다. 이론적으로 잠재요인은 관심 개념의 오차 없는 대표성을 나타낸다. 구조방정식모델에서 잠재요인들 간의 간접효과와 조절효과가 혼합된 경우는 잠재 조절 구조방정식(Latent Moderated Structural Equations, LMS)이라고 부른다.

다음 [그림 9-7]은 구조방정식모델에서의 조건부 프로세스 모델을 통계도형으로 나타낸 것이다. 그림에서 왼쪽은 구조방정식모델의 개념모델을 나타낸 것이다. 오른쪽은 개념모델을 통계모델로 변화시킨 것이다.

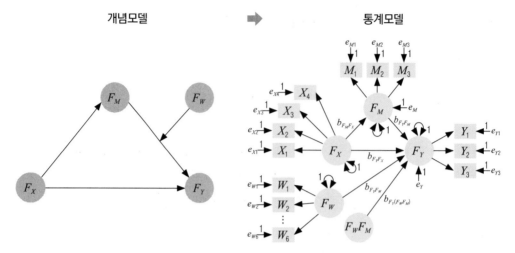

[그림 9-7] 구조방정식모델에서의 조건부 프로세스 모델
출처: Hayes, A. F. & Preacher, K. J. (2013). *Conditional process modeling: Using structural equation modeling to examine contingent causal processes, Structural equation modeling: A second course* (2nd ed., pp. 217--264). Greenwich, CT: Information Age.

여기서 조건부 간접효과는 $b_{F_M F_X} \left[b_{F_Y F_M} + b_{F_Y(F_W F_M)} \right] F_W$로 나타낼 수 있다. 이런 조건부 간접효과 검정은 신뢰구간(Confidence Interval, CI)을 이용하여 추정한다. 분석자는 편의 수정 부트스트랩으로 신뢰구간에 조절된 매개효과가 나타나는지 여부를 알기 위해 조절된 매개지수(index of moderated mediation)를 확인해야 한다. 이 절차는 간접효과와 조절변수의 관계를 수량화한 조절된 매개지수가 0이 아닌지 여부를 검정하는 것이다. 만일 조절된 매개변수 계수의 신뢰구간이 0을 포함하지 않는다면 '간접효과와 조절변수의 관계는 0이 아니다(조절된 매개효과가 나타났다)'라고 추론한다(Hayes 2013).

일반적으로 부트스트래핑(bootstrapping) 방법에 의한 95%의 신뢰구간[하한 2.5번째 비율, 상한 97.5% 비율]을 사용한다. 여기서 부트스트래핑은 복원추출에 의해서 평균 또는 중앙값의 분포를 만드는 방법으로 모평균(母平均)과 모중앙(母中央) 값을 제공받을 수 있다.

만약 신뢰구간이 0을 포함하고 있다면 'H_0: 조건부 간접효과는 유의하지 않다'라는 귀무가설을 $\alpha = 0.05$ 수준에서 채택하게 된다. 반대로 이때 신뢰구간이 0을 포함하고 있지 않다면, $\alpha = 0.05$ 수준에서 'H_1: 조건부 간접효과는 유의하다'라는 연구가설을 채택하게 된다. 이러한 유의성 검정 패턴은 파커와 그의 동료들(Parker et al., 2011)이 제안하였다. 이러한 신뢰구간 추정 방법은 간접효과가 정규분포 가정을 충족하는 경우이든 충족하지 못하는 경우이든 간에 아주 적합한 방법이라고 할 수 있다(Hayes & Preacher, 2013).

3 │ 조건부 프로세스 모델 분석

3-1 연구모델과 연구가설

여기서 제시하는 내용은 현재 진행 중인 연구로 품질, 고객만족, 고객충성도 간 인과모델을 나타낸 것이다. 이 모델에서 고객만족과 고객충성도 요인 사이에 브랜드 정체성이 조절요인으로 삽입되어 있다. 이 모델은 Hayes template 14번 모델임을 미리 밝혀둔다. 이에 대한 연구모델은 다음과 같다.

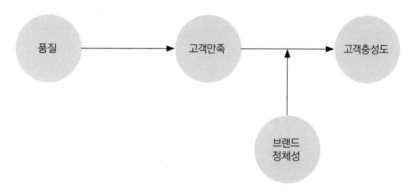

[그림 9-8] 연구모델

연구가설은 다음과 같다.

- H_1: 품질은 고객만족에 유의한 영향을 미칠 것이다.
- H_2: 고객만족은 고객충성도에 유의한 영향을 미칠 것이다.
- H_3: 고객만족은 품질과 고객충성도 간 관계에서 매개하는 역할을 할 것이다.
- H_4: 브랜드 정체성은 고객만족과 고객충성도 간 관계에서 유의한 조절 역할을 할 것이다.

각 잠재요인에 해당하는 변수는 두 문항을 이용하여 측정하였다.

[표 9-1] 조작적 정의와 측정변수

요인	조작적 정의	측정문항
품질(quality, Fx)	고객 관점에서 느끼는 사용의 적합성	점포 품질은 탁월하다(x1).
		커피점 커피는 맛이 좋다(x2).
고객만족(satis, Fm)	고객이 느끼는 전반적인 감흥과 느낌	전반적으로 만족스럽다(m1).
		커피점을 이용하면 기분이 좋아진다(m2).
브랜드 정체성(brand identity, Fw)	고객이 느끼는 차별성	이 브랜드는 차별성이 명확하다(w1).
		나는 이 브랜드에 대해 동일시하려고 노력한다(w2).
고객충성도 (loyatly, Fy)	지속적으로 거래하려는 우호적인 감정	자주 이용하는 편이다(y1).
		일상 대화에서 이 커피전문점을 자주 이야기한다(y2).

3-2 설문수집과 데이터 분석

연구자는 분석에 앞서 A대학에 입주한 커피전문점을 이용하는 고객 100명을 대상으로 2018년 11월 2일부터 11월 10일까지 조사하였다. 이에 대한 일부 데이터는 다음과 같다.

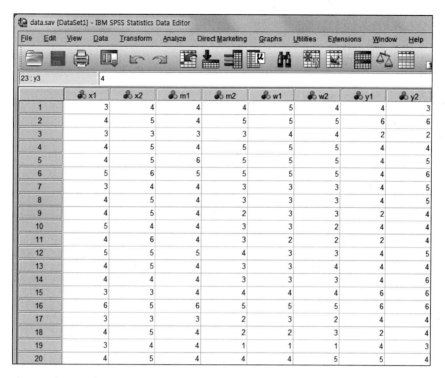

[그림 9-9] 데이터 (data.sav)

3-3 데이터 변환

분석을 위해서 앞에서 설명한 것처럼 SPSS Syntax를 이용하여 적항(product item)을 만든다. 단일변수를 독립변수나 조절변수로 이용할 때와 달리, 다변수를 갖는 요인을 선행변수(요인)나 조절변수로 사용할 경우는 특별한 도전이 요구된다. 연구자가 기억해야 할사항은 이 경우에 선행요인을 구성하는 변수들의 적항을 만들어주고 모형을 구체화해야한다는 사실이다(Hayes & Preacher, 2013).

SPSS Syntax에서 적항을 만들기 위해 다음 명령문을 입력하고 실행한다.

```
compute m1w1=m1*w1.
compute m1w2=m1*w2.
compute m2w1=m2*w1.
compute m2w2=m2*w2.
```

4 구조방정식모델 분석

4-1 Amos 프로그램 이용

Amos 프로그램으로 분석하기 위해 다음과 같이 경로도형(path diagram)을 만든다.

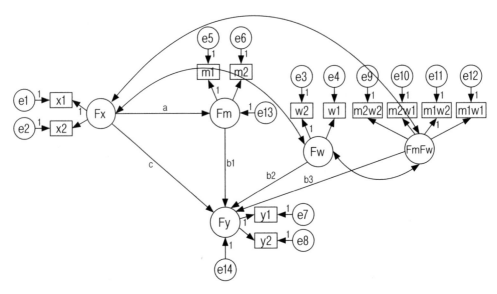

[그림 9-10] 구조방정식모형 (데이터 conindirect.amw)

연구모델을 통계적인 모델로 전환한 다음, Amos 패키지에서 Not estimating any user-defined estimand를 이용하여 다음과 같은 명령문을 입력한다. 이는 Amos 프로그램에서 부트스트래핑을 실행하기 위한 조치다. 여기서 수치 3.71은 조절변수(w)의 평균값이다.

```
conditionaleffect=(b1+b3*3.71)
conindirect=a*(b1+b3*3.71)
belowconindirect=a*(b1+b3*(-1))
meanconindirect=a*(b1+b3*(0))
aboveconindirect=a*(b1+b3*(1))
directeffect=c
totaleffect=meanconindirect+directeffect
```

마우스로 범위를 정하고 File → check syntax(Alt+S)를 누른다. 그런 다음 이 파일을 저장하기 위해 파일명을 입력한다. 이어서 Analysis Properties를 눌러 Perform bootstrap 5,000회를 지정한다. 또한 Biase-corrected confidence interval 95%를 지정하고 실행하면 다음과 같은 결과를 얻을 수 있다.

[표 9-2] 경로계수

Paths			Estimate	S.E.	C.R.	P	Label
Fm	<---	Fx	1.367	0.341	4.008	***	a
Fy	<---	Fm	0.51	0.423	1.206	0.228	b1
Fy	<---	Fx	0.374	0.625	0.599	0.549	c
Fy	<---	Fw	−0.509	0.604	−0.842	0.4	b2
Fy	<---	FmFw	0.126	0.115	1.094	0.274	b3

위 결과를 보면, 품질(Fx)은 고객만족(Fm)에 $\alpha=0.05$에서 유의한 영향을 미치는 것으로 나타났다($p=0.000$). 이외의 경로계수는 $\alpha=0.05$에서 유의하지 않음을 알 수 있다. 특히, 간접효과(FmFw)는 $\alpha=0.05$에서 유의하지 않음을 알 수 있다. 만약 간접효과가 유의하게 나타난다면 분석자는 간접효과에 대해 세부 분석을 실시해야 한다.

4-2 R 프로그램 이용

R 프로그램으로 분석하기 위해 다음과 같이 명령문을 입력한다.

```
data=read.csv("F:/data/data.csv")
library(lavaan)
library(psych)
library(MBESS)
library(semPlot)
model <-'Fx =~ x1 + x2
Fm =~ m1 + m2
Fw =~ w1 + w2
Fy =~ y1 + y2
FmFw =~ m1w1+m1w2+m2w1+m2w2
Fm ~ a1*Fx
Fy ~ c*Fx + b1*Fm + b2*Fw + b3*FmFw

# index of moderated mediation and conditional indirect effects
a1b3 := a1 * b3
normie := a1 * b1 + a1b3 * -0.5
fitie := a1 * b1 + a1b3 * 0.5'
fit <- sem(model, data =data, se = "bootstrap", bootstrap = 5000)
summary(fit,standardized=TRUE)
parameterestimates(fit, boot.ci.type = "bca.simple", standardized = FALSE)
semPaths(fit, "std", edge.label.cex =1, curvePivot = TRUE)
```

[그림 9-11] 구조방정식모형 명령어

명령문을 입력하고 실행하면 다음과 같은 결과를 얻을 수 있다.

Regressions:		Estimate	Std.Err	z-value	P(>|z|)	Std.lv	Std.all
Fm ~							
Fx	(a1)	1.367	0.748	1.827	0.068	1.435	1.435
Fy ~							
Fx	(c)	0.374	9.016	0.042	0.967	0.210	0.210
Fm	(b1)	0.510	2.085	0.245	0.807	0.272	0.272
Fw	(b2)	-0.546	4.319	-0.126	0.899	-0.936	-0.936
FmFw	(b3)	0.126	1.064	0.118	0.906	1.139	1.139

	lhs	op	rhs	label	est	se	z	pvalue	ci.lower	ci.upper
38	a1b3	:=	a1*b3	a1b3	0.172	5.692	0.030	0.976	-0.135	2.096
39	normie	:=	a1*b1+a1b3*-0.5	normie	0.611	11.371	0.054	0.957	-0.631	4.461
40	fitie	:=	a1*b1+a1b3*0.5	fitie	0.783	14.474	0.054	0.957	-0.821	5.734

[그림 9-12] 경로계수

앞에서처럼 품질(Fx)은 고객만족(Fm)에 $\alpha=0.1$에서 유의한 영향을 미치는 것으로 나타났다. 이외의 경로계수는 $\alpha=0.05$에서 유의하지 않음을 알 수 있다. 특히, 간접효과 (FmFw)는 $\alpha=0.05$에서 유의하지 않음을 알 수 있다. 만약 간접효과가 유의하게 나타난다면 분석자는 간접효과에 대해 세부 분석을 실시해야 한다.

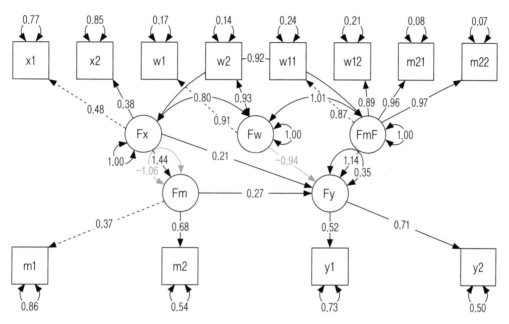

[그림 9-13] 경로도형

4-3 개별변수 분석

1) SPSS와 PROCESS macro

요인을 구성하는 변수가 다변수인 경우는 PROCESS macro에서 분석을 실행할 수 없다. 이를 위해서는 다음과 같이 SPSS 프로그램에서 데이터를 전환해야 한다. 이후 SPSS Syntax에서 다음과 같이 회귀분석 명령문을 입력할 수 있다.

```
COMPUTE x=sum(x1,x2)/2.
EXECUTE.
COMPUTE y=sum(y1,y2)/2.
EXECUTE.
COMPUTE m=sum(m1,m2)/2.
EXECUTE.
COMPUTE w=sum(w1,w2)/2.
compute mw=m*w.
regression/dep=m/method=enter x.
regression/dep=y/method=enter x m w mw.
```

단순회귀분석

Model Summary

Model	R	R Square	Adjusted R Square	Std. Error of the Estimate
1	.605[a]	.366	.359	.63102

a. Predictors: (Constant), x

ANOVA[a]

Model		Sum of Squares	df	Mean Square	F	Sig.
1	Regression	22.506	1	22.506	56.521	.000[b]
	Residual	39.022	98	.398		
	Total	61.528	99			

a. Dependent Variable: m
b. Predictors: (Constant), x

Coefficients[a]

Model		Unstandardized Coefficients B	Std. Error	Standardized Coefficients Beta	t	Sig.
1	(Constant)	1.305	.353		3.696	.000
	x	.634	.084	.605	7.518	.000

a. Dependent Variable: m

중회귀분석

Model Summary

Model	R	R Square	Adjusted R Square	Std. Error of the Estimate
1	.562[a]	.316	.287	.80438

a. Predictors: (Constant), mw, x, m, w

ANOVA[a]

Model		Sum of Squares	df	Mean Square	F	Sig.
1	Regression	28.361	4	7.090	10.958	.000[b]
	Residual	61.467	95	.647		
	Total	89.828	99			

a. Dependent Variable: y
b. Predictors: (Constant), mw, x, m, w

Coefficients[a]

Model		Unstandardized Coefficients B	Std. Error	Standardized Coefficients Beta	t	Sig.
1	(Constant)	3.019	1.488		2.028	.045
	x	.020	.139	.016	.144	.885
	m	.013	.441	.011	.030	.976
	w	-.168	.407	-.202	-.412	.681
	mw	.101	.104	.730	.978	.331

a. Dependent Variable: y

[그림 9-14] 회귀분석 결과

선행변수	결과변수							
	M(고객만족)				Y(고객충성도)			
		Coeff	SE	p		Coeff	SE	p
(Constant)	IM	1.305	0.35	0.000	IY	3.019	1.488	0.045
x(품질)	a	0.6336	0.084	0.000	c	0.020	0.139	0.885
m(고객만족)					b1	0.013	0.441	0.976
w(브랜드정체성)					b2	−0.168	0.407	0.681
mw					b3	0.101	0.104	0.331
설명력	$R^2=0.366$				$R^2=0.316$			
유의성 검정	F(1, 98)=56.00, $p < 0.000$				F(4,95)=10.96, $p < 0.000$			

이 결과는 SPSS 프로그램을 이용하여 분석한 결과이다. 같은 데이터를 PROCESS macro를 이용해 분석해보기로 한다. 이를 위해서 아래와 같이 PROCESS macro 명령 문을 입력한다.

```
process y=y/x=x/m=m/w=w/model=14/plot=1/seed=42517.
```

분석결과는 앞의 SPSS 프로그램을 이용한 회귀분석 결과와 동일함을 확인할 수 있다. 이 분석결과를 토대로 조절변수, 간접효과, 조건부 효과, 신뢰구간 등을 계산할 수 있다. 이를 표로 나타내면 다음과 같다.

[표 9-4] 조절변수, 조건효과, 조건부 효과, 신뢰구간

w	a	θm → y = b1+b3w	aθm → y = a(b1+b3w)	95% BCI	
2.500 (제16분위수)	0.6336	0.2667	0.168981	[−.1280	.4328]
3.50 (제50분위수)	0.6336	0.3681	0.233228	[.0172	.4449]
5.00 (제84분위수)	0.6336	0.5202	0.329599	[.1172	.5760]

여기서 조절변수(w)의 2.500(제16분위수), 3.50(제50분위수), 5.00(제84분위수)에 따른 조건부 효과(aθm → y)를 계산할 수 있다. 조건부 효과의 95% 신뢰구간을 나타낸 결과, 2.500(제16분위수)의 신뢰구간에는 '0'이 포함되어 있어 이는 유의하지 않고 3.50(제50분위수), 5.00(제84분위수)에서는 조건부 효과가 유의한 것으로 나타났다.

ab_3는 x로부터 y 사이에서 w의 변화와 m을 통과하는 간접효과의 변화율을 양적화한 것이다. 즉 조절효과(w)의 가중치이다. 이를 '조절매개지수(index of moderated mediation)'라고 부른다. 여기서는 조절매개지수(ab_3)가 0.0643(0.6336×0.1014)이다. 조절매개지수의 신뢰구간(BootLLCI BootULCI)은 [−.0504 .1914]으로 0을 포함하고 있어 $\alpha=0.05$에서 유의하지 않은 것으로 나타났다. 여기서 95% BCI(Biased-Corrected Bootstrap Intervals)는 Percentile Confidence Interval과 유사한 방법이다. 이는 조건부 간접효과(a(b1+b3w))의 값보다 작은 값으로 k회 비율함수로 조정하는 방법이다.

지금까지 설명한 내용을 시각화해보기로 한다. 우선 조건부 효과를 시각화하기 위해 SPSS Syntax에서 다음과 같은 명령문을 작성한다.

```
DATA LIST FREE/
   m          w          y.
BEGIN DATA.
      3.0000     2.5000     3.4819
      4.0000     2.5000     3.7487
      4.5000     2.5000     3.8821
      3.0000     3.5000     3.6185
      4.0000     3.5000     3.9867
      4.5000     3.5000     4.1708
      3.0000     5.0000     3.8232
      4.0000     5.0000     4.3436
      4.5000     5.0000     4.6038
END DATA.
GRAPH/SCATTERPLOT=
   m      WITH      y      BY      w .
```

본 연구에서 조절변수(w, 브랜드 정체성) 값에 따른 조건부 효과는 다음 그림과 같다.

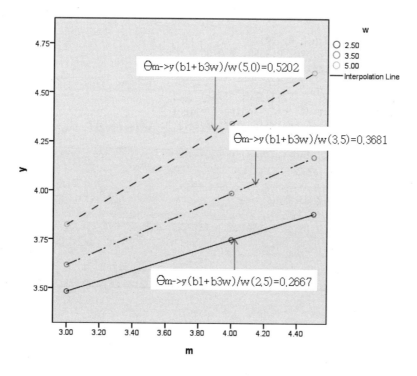

[그림 9-15] 브랜드 정체성이 고객만족과 충성도 관계에 미치는 영향

앞의 그림에서 볼 수 있듯이 조절변수(w, 브랜드 정체성)가 2.50(제16분위수), 3.50(제50분위수), 5.00(제84분위수)일 경우의 고객충성도(y)는 각각 0.2667, 0.3681, 0.5202임을 알 수 있다. 즉 브랜드 정체성이 높을수록 고객충성도는 증가함을 알 수 있다.

이어서 직접효과(c)와 조건부 간접효과($a\theta m->y = a(b1+b3w)$)를 시각적으로 나타내기 위해서 다음과 같이 명령어를 입력한다.

```
DATA LIST FREE/w.
BEGIN DATA.
2.5 3.5 5
END DATA.
COMPUTE indirect=0.008+0.064*w.
COMPUTE direct=0.02.
GRAPH/SCATTER(Overlay)=w w with direct indirect (pair).
```

[그림 9-16] 직접효과와 조건부 간접효과 (SPSS Syntax)

```
x<-c(0,1,0,1,0,1)
w<-c(2.5, 2.5, 3.5,3.5,5.0,5.0)
y<-c(0.020, 0.2667, 0.020, 0.3681, 0.020, 0.5202)
plot(y=y,x=w,pch=15,col="white",
     xlab="고객만족",
     ylab="품질성과가 고객충성도에 미치는 성과")
legend.txt<-c("Direct effect","Indirect effect")
legend("bottomleft",legend=legend.txt,lty=c(1,3),lwd=c(4,3))
lines(w[x==0],y[x==0],lwd=4,lty=1)
lines(w[x==1],y[x==1],lwd=4,lty=3)
abline(0,0,lwd=0.5,lty=2)
```

[그림 9-16] 직접효과와 조건부 간접효과 (R)

앞의 명령어를 실행하면 다음과 같은 직접효과와 조건부 간접효과를 얻을 수 있다. 직접효과와 조건부 효과의 총합이 총효과(total effect)이다.

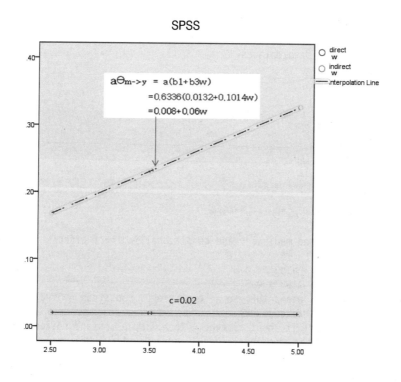

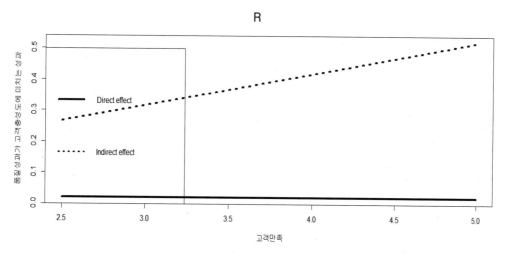

[그림 9-17] 직접효과와 조건부 간접효과

2) R 프로그램 이용

앞에서 SPSS와 PROCESS macro를 이용하여 분석한 내용을 R에서 분석해보기로 하자. 이를 위해 다음과 같이 명령문을 입력한다.

```
data=read.csv("F:/data/data.csv")
library(lavaan)
library(psych)
library(MBESS)
library(semPlot)
model <-'Fx =~ x1 + x2
Fm =~ m1 + m2
Fw =~ w1 + w2
Fy =~ y1 + y2
FmFw =~ m1w1+m1w2+m2w1+m2w2
Fm ~ a1*Fx
Fy ~ c*Fx + b1*Fm + b2*Fw + b3*FmFw

# index of moderated mediation and conditional indirect effects
a1b3 := a1 * b3
normie := a1 * b1 + a1b3 * -0.5
fitie := a1 * b1 + a1b3 * 0.5'
fit <- sem(model, data=data2, se = "bootstrap", bootstrap = 5000)
summary(fit,standardized=TRUE)
parameterestimates(fit, boot.ci.type = "bca.simple", standardized = FALSE)
semPaths(fit, "std", edge.label.cex =1, curvePivot = TRUE)
```

[그림 9-18] R 명령어

위의 명령어를 실행하면 다음과 같은 결과를 얻을 수 있다.

Regressions:							
		Estimate	Std.Err	z-value	P(>|z|)	Std.lv	Std.all
m ~							
x	(a1)	0.634	0.075	8.411	0.000	0.634	0.605
y ~							
m	(b1)	0.013	0.423	0.031	0.975	0.013	0.011
w	(b2)	-0.168	0.372	-0.451	0.652	-0.168	-0.203
mw	(b3)	0.101	0.097	1.050	0.294	0.101	0.733
x	(c)	0.020	0.142	0.140	0.888	0.020	0.016
Defined Parameters:							
		Estimate	Std.Err	z-value	P(>|z|)	Std.lv	Std.all
a1b3		0.064	0.062	1.034	0.301	0.064	0.443
normie		-0.024	0.297	-0.080	0.936	-0.024	-0.215
fitie		0.041	0.239	0.169	0.866	0.041	0.228

	lhs	op	rhs	label	est	se	z	pvalue	ci.lower	ci.upper
1	m	~	x	a1	0.634	0.075	8.411	0.000	0.488	0.789
2	y	~	m	b1	0.013	0.423	0.031	0.975	-0.801	0.887
3	y	~	w	b2	-0.168	0.372	-0.451	0.652	-0.869	0.607
4	y	~	mw	b3	0.101	0.097	1.050	0.294	-0.094	0.284
5	y	~	x	c	0.020	0.142	0.140	0.888	-0.254	0.300
14	a1b3	:=	a1*b3	a1b3	0.064	0.062	1.034	0.301	-0.056	0.186
15	normie	:=	a1*b1+a1b3*-0.5	normie	-0.024	0.297	-0.080	0.936	-0.609	0.574
16	fitie	:=	a1*b1+a1b3*0.5	fitie	0.041	0.239	0.169	0.866	-0.432	0.524

[그림 9-19] 경로계수

새롭게 정의된 경로의 신뢰구간에 0이 포함되어 있으면 통계적으로 유의하지 않은 것이고, 0이 포함되어 있지 않으면 유의하다고 해석할 수 있다. 예를 들어, 결과에서 조절매개지수인 ab_3값은 0.0643(0.6336×0.1014)이다. 이에 대한 신뢰구간은 [−0.056 0.186]으로 신뢰구간 안에 0이 포함되어 있어 유의하지 않다고 해석할 수 있다.

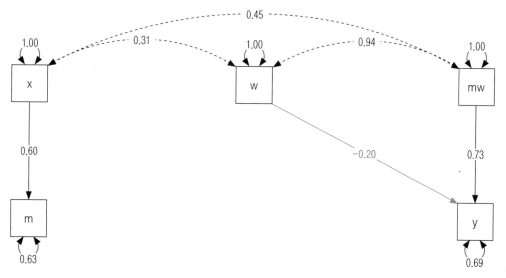

[그림 9-20] 경로도형

이 결과물은 앞에서 살펴본 SPSS PROCESS 결과물과 동일함을 알 수 있다.

5 결론

이 연구의 목표는 조건부 프로세스 모델링의 방법, 통계분석방법, 해석방법을 설명하는 데 있다. 조건부 프로세스 모델링은 조절분석 속성과 매개분석 속성의 조합으로 독립변수(요인 포함)에서부터 결과변수(요인)까지의 인과효과(직접효과와 간접효과, 비조절효과와 조절효과를 포함)를 이해하고 추정하는 방법을 터득하는 데 있다. 조건부 프로세스는 심리의 작동원리나 구조를 나타내는 심리 메커니즘을 나타내는 연구모델에서 매개변수와 조절변수를 언제 어떻게 투입할 것인지 정하고 실증분석하는 방법이다.

본 연구의 결과를 정리해보면 다음과 같다.

첫째, 다변수를 이용한 결과와 단변수를 이용한 통계분석 결과에 약간의 차이가 있음을 알 수 있다. 다변수를 이용한 경우는 구조방정식 프로그램을 이용해 분석을 실시하도록 해야 한다. 국내외에 출간되어 있는 연구물들을 보면 대부분 요인을 구성하는 변수들과 관련하여 신뢰성과 타당성을 판단한 다음 총합척도(summated scale)로 처리하고 분석한 결과를 제시하고 있는데, 이는 충분한 통계분석 정보를 줄 수 없다는 한계점을 지닌다. 따라서 요인을 구성하는 변수를 표시하고 구조방정식모델로 분석을 실시해야 할 것이다.

둘째, 경로의 유의성은 부트스트래핑 신뢰구간으로 판단할 수 있다. 각 경로 간의 유의성은 부트스트래핑 결과를 이용하는 것이 바람직하다고 할 수 있다. 신뢰구간 안에 '0'이 포함되어 있으면 경로계수는 유의하지 않은 것으로 해석하고, 신뢰구간 안에 '0'이 포함되어 있지 않으면 경로계수는 유의하다고 해석할 수 있다.

셋째, 본 연구에서 제시한 예로 연구를 진행한 결과 품질-고객만족-고객충성도 간 인과성에 대하여 실증분석할 수 없었다. 다만, 고객만족과 고객충성도 사이에 브랜드 정체성을 조절변수로 투입한 경우, 브랜드 정체성이 강할수록 고객충성도가 높아짐을 실증분석하였다. 이러한 결과는 실무분야에 시사점을 준다. 기업은 브랜드 정체성을 지속적으로 높이기 위해 경쟁기업에 대해 인지도를 높이고, 호감 가는 이미지 전략을 구사해야 하며, 고객과의 지속적 관계 구축을 위해 전략을 수립하고 실행해야 한다는 것을 알 수 있다.

앞에서 제시한 조건부 프로세스에 관한 기본 개념과 예제는 보다 심층적인 연구와 실무분야 적용에 도움을 줄 것으로 기대한다. 이것이 토대가 되어 매개효과, 간접효과, 그리고 조건부 간접효과에 대한 분석과 연구가 더욱 활발하게 진행되기를 기대한다.

연습문제

1 조건부 프로세스 분석의 개념을 설명해보자.

2 경로모델에서 조건부 프로세스 분석과 구조방정식모델에서 조건부 프로세스 분석의 차이를 설명하고 각각 분석방법을 토의해보자.

스스로 끊임없이 질문하고 답을 찾는 행위는 당연하면서도 어려운 과정이다.

10장

Q&A를 통한 조건부 프로세스 분석 이해

1 주요 질문과 답변

마지막 장인 10장에는 조건부 프로세스 분석(conditional process analysis)과 관련하여 그동안 독자들이 필자에게 질문한 사항들과 그에 대한 답변을 담았다. 이를 통해 조건부 프로세스 분석을 심층적이고 체계적으로 이해하는 데 도움을 주고자 하였다.

Q.1 조건부 프로세스 분석을 간단하게 설명하면 무슨 내용인가?

A. 조건부 프로세스 분석은 매개분석(mediation analysis, 프로세스 분석이라고도 함)과 조절분석(moderation analysis)이 조합된 경우를 분석하는 것을 말한다.

Q.2 조건부 프로세스 분석에서 메커니즘(mechanism)은 무엇을 의미하는가?

A. 연구자가 이해하고 있는 현상을 연구가설이나 연구모델로 나타낼 수 있는 것을 말한다. 즉, 시간적 흐름이 포함된 인간의 의사결정 연속 과정을 그림이나 연구가설을 통해 인과적으로 나타낸 경우가 메커니즘이라고 명명할 수 있다.

Q.3 매개분석과 조절분석은 어떻게 구분할 수 있는가?

A. 매개분석의 주된 목표는 연구모델에서 '어떻게의 문제(questions of how)'를 분석하는 것이다. 반면 조절분석의 주된 목표는 연구모델에서 '언제의 문제(questions of when)'를 분석하는 데 있다.

Q.4 매개된 조절(mediated moderation)과 조절된 매개(moderated mediation) 용어가 혼동되는데 명확하게 구분할 수 있는 방법은 무엇인가?

　A. 조절된 매개와 매개된 조절을 그림으로 나타내면 다음과 같다. 매개효과와 조절효과가 결합된 경우가 매개된 조절효과와 조절된 매개효과이다.

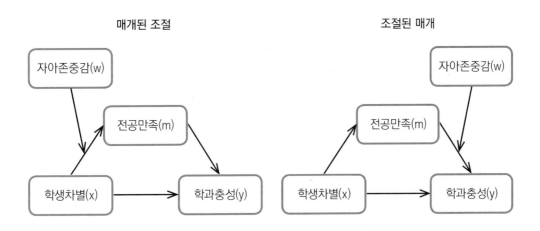

독립변수(x), 매개변수(m), 종속변수(y)의 관계에서 특히 독립변수와 매개변수 사이에 조절변수가 투입된 경우를 '매개된 조절'이라고 부른다. 반면에 '조절된 매개'는 매개변수와 종속변수 사이에 조절변수가 투입된 경우를 말한다. 즉 '언제(when)'에 해당하는 조절변수가 투입되었는가를 확인하면 명칭 부여가 용이해진다. 연구모델 뒷단에서 매개변수와 종속변수 사이에 조절변수가 투입된 경우는 '조절된 매개'라고 하고, 연구모델 앞단에서 독립변수와 매개변수 사이에 조절변수가 투입된 경우는 '매개된 조절'이라고 한다.

최근 연구에서는 매개된 조절, 조절된 매개를 명확하게 구분하지 않는 것이 조건부 프로세스 분석의 트렌드이기도 하다.

Q.5 부트스트래핑(bootstrapping)이란 무엇인가?

A. 복원추출 방식에 의해서 통계량을 계산하는 방식을 말하며, 일반적으로 추출 회수는 5,000개이고 95% 신뢰구간에서 각 통계량에 대한 유의성을 평가하게 된다. 부트스트래핑은 n크기의 초기 표본이 복원추출을 통해서 모집단의 대표로 이용되는 경우이다.

Q.6 매개분석과 조절분석을 적용할 수 있는 학문 분야는?

A. 통계학, 경영학(마케팅·경영전략·경제학·조직), 사회학, 행동사회과학(정신분석학·사회학·정신치료·범죄과학·가족연구·정치과학·발달연구·인류학·사회연구), 의료과학(의료연구·간호·약학·역학·노인학·신경학·스포츠 과학·공공의료·기타 분야), 보건과학, 데이터과학, 심리학, 교육학(교육행정·정책연구·성적 분석·카운슬링 등), 환경과학(자원행정·종단연구) 등 다양한 분야에서 사용된다. 특히 인간의 심리 과정, 의사결정 과정을 나타내는 메커니즘을 설명하는 데 유용하게 사용될 수 있다.

Q.7 조건부 프로세스 분석을 할 수 있는 프로그램은 무엇인가?

A. 변수(사각형) 간의 관계를 나타내는 분석에는 헤이즈(Hayes) 교수가 개발한 PROCESS가 대표적인 프로그램이다. 이외에도 Amos, R, LISREL, Mplus 등을 이용하여 분석할 수 있다. 요인 간의 관계를 규명할 때는 Amos, R, LISREL, Mplus 등을 이용하여 조건부 프로세스 분석을 할 수 있다. 분석자는 자신의 취향에 적합한 프로그램을 선택하여 사용하면 된다. 다양한 프로그램을 다룰 수 있다는 것은 분석 역량을 배가시킬 수 있는 요인으로 작용한다.

Q.8 PROCESS 프로그램은 어떻게 운용되는 것인가?

A. PROCESS 프로그램은 최소자승법(Ordinary Least Square, OLS)에 의한 회귀분석적인 접근으로 운용되도록 설계된 프로그램이다.

Q.9 PROCESS와 SEM(Structural Equation Modeling) 프로그램과의 차이점은 무엇인가?

A. PROCESS 프로그램은 최소자승법에 의한 회귀분석법에 의해 추정이 이루어진다. 구조방정식모델인 SEM 프로그램은 PROCESS 프로그램과 달리 최대우도법(Maximum Likelihood, ML)에 의해서 운영된다. SEM 프로그램을 이용하면 잠재요인과 측정변수 간의 관계를 나타내는 측정모델과 이 측정모델 간의 인과성을 나타내는 모델에서 임의 측정오차(random measurement error)를 줄일 수 있다는 장점이 있다.

Q.10 다양한 연구모델을 알고 있다는 것이 연구자에게 도움이 될 수 있는가?

A. 연구모델은 연구자의 내재된 생각의 틀이기 때문에 연구의 방향을 결정한다. 조건부 프로세스 분석과 관련하여 다양한 연구모델을 파악하기 위해서는 헤이즈 교수가 정리해놓은 파일(http://www.personal.psu.edu/jxb14/M554/specreg/templates.pdf)을 다운로드해서 확인해보면 편리하다.

Q. 11 개념모델을 통계모델로 변환해야 하는 이유는?

A. 개념모델(conceptual diagram)을 통계모델(statistical diagram)로 전환해야 하는 이유는 지금까지 나와 있는 통계 프로그램으로 개념모델을 직접 분석할 수 없기 때문이다. 분석자는 개념모델을 통계모델로 전환해 이를 통계 패키지상에 표현해 분석할 수 있다. 앞의 질문(Q. 10)에서 답변한 것처럼, 연구자는 헤이즈 교수가 정리해놓은 템플릿을 보면서 변수 간 관계에서 조건부 효과나 조건부 간접효과가 어느 부분을 말하는지 이해할 수 있다.

Q. 12 간접효과 분석에서 소벨검정(Sobel test)은 유효한가?
유효하지 않다면 대안은 없는가?

A. 소벨검정은 간접효과(indirect effect)의 유의성에 대하여 가설검정을 하는 방법이다. 이는 표본분포가 종모양(bell-shaped distribution)을 보인다는 정규분포 가정을 만족하는 경우에 사용한다. 그러나 실제 분석과정이나 시뮬레이션 결과를 살펴보면, 표본분포가 정규분포를 보이는 경우는 거의 없기 때문에 대안이 필요한데, 이것이 부트스트랩을 이용한 신뢰구간(bootstrap confidence interval)이라고 할 수 있다.

부트스트래핑 신뢰구간은 소벨검정보다 강력한 검정력을 갖는다. 부트스트래핑은 다양한 추론 문제에 응용할 수 있다. 예를 들어, 간접효과 검정과 관련해서 다음과 같은 귀무가설과 연구가설을 설정할 수 있다.

$$H_0: ab = 0$$
$$H_1: ab \neq 0$$

이 경우 부트스트래핑을 실행한 결과, 신뢰구간 안에 '0'을 포함하고 있으면 귀무가설을 채택하고 '0'을 포함하고 있지 않으면 연구가설을 채택한다.

Q. 13 간접효과 분석과정에서 적항(product item)을 만들 경우,
평균중심화(mean centering)를 반드시 해야 하는가?

A. 독립변수와 조절변수 간에는 다중공선성(multicollinearity)이 존재하기 때문에 독립변수와 조절변수 간 적항을 만들 경우에 다중공선성을 줄이기 위해서 평균중심화를 해야 한다는 것이 일반적인 주장이었다. 그러나 헤이즈(Hayes, 2013)는 평균중심화에 대하여 몇 가지 조언을 하고 있다. "만약 당신이 평균중심화를 하고 싶다면 평균중심화를 실시하라. 그 대신 다중공선성과 그로 인한 부정적 영향을 감소시키기 위해 평균중심화를 했다는 말은 하지 마라. 평균중심화는 다중공선성을 감소시킴에도 불구하고, 당신이 직면할 수 있는 대부분의 상황에서 추정의 정확성과 가설검증, 회귀계수, 표준오차에 아무런 영향을 주지 않는다. 다만, X(독립변수)와 M(매개변수)에 대하여 보다 의미 있고 실질적으로 해석이 가능한 회귀계수에 대한 가설검정을 위해서라면 그렇게 하라(평균중심화)."

필자의 경험에 비춰보아도 평균중심화를 하면 주효과(main effect)항의 해석 가능성은 높아지지만, 나머지는 아무런 차이도 문제도 발생하지 않기 때문에 반드시 평균중심화를 해야 하는 것은 아니다. 다만, 논문 심사과정에서 심사위원이 평균중심화 과정을 보여주길 원한다면 번거로워도 분석능력을 검증하기 위한 절차로 해야 하는 것이지 그 이상은 아니라고 판단한다.

Q. 14 존슨-네이만 기법(Johnson-Neyman Technique)은 언제 사용하는 것이고
어떻게 해석하는 것인가요?

A. 존슨-네이만 기법은 조건부 효과 또는 조절변수항(상호작용항)의 크기(θ)를 탐색하여 조절변수항이 어느 영역에서 유의한지를 파악하는 방법이다. 예를 들어, 존슨-네이만 기법은 예측변수인 x와 종속변수인 y 사이에서 조절변수인 z의 높낮이에 따라 종속변수에 유의한 영향을 보이는지 아닌지를 시각적인 그림으로 나타내 의사결정을 용이하게 할 수 있도록 도와준다. 분석자는 존슨-네이만 기법으로 유의미한 영역을 사용하여 2개의 연속변수 간의 상호작용을 모델링할 수 있고, 변수의 어떤 수준에서 다른 변수의 효과가 중요한지를 알 수 있다.

Q.15 명령문(syntax)을 배워야 하는 이유는 무엇인가?

A. 통계 프로그램은 상용 버전과 비상용 버전이 있다. 그리고 상용버전과 비상용 버전을 막론하고 GUI(Graphic User Interface)와 명령문(Syntax) 형태의 프로그램이 있다. 리서치나 컨설팅 업계의 분석 전문가들은 GUI에서 자주 사용하는 마우스 대신 신택스를 일상적으로 사용한다.

명령문을 사용하게 되면, 프로그래머처럼 연구기술을 발전시키거나 명령문만으로 작동하는 다른 데이터분석 프로그램으로 확장시키는 데 도움을 받을 수 있다. 분석자가 통계 프로그램의 언어를 사용하지 못한다면 보다 고급 과정에서 약점을 갖게 되는 것이나 마찬가지다. 필자는 강의시간에 석박사 과정생들에게 이야기한다. "명령문을 작성할 수 있는 것은 하나의 스킬이고, 이는 여러분의 미래를 밝게 해주는 경쟁력이 될 것이다."

Q.16 PROCESS를 이용할 경우 시각화를 위해서 플롯(plot) 옵션을 사용하는데 번호가 갖는 의미는 무엇인가?

A. 조절효과의 해석이나 시각화를 위해서 플롯 옵션을 선택한다. 예를 들어 'plot=1'은 회귀모델에서 종속변수의 추정치만을 산출해주는 경우이다. 만약 분석자가 추정치의 표준오차와 신뢰구간을 얻고 싶다면 'plot=2'를 입력하면 된다.

2 연구력 향상시키기

4차 산업혁명시대에 연구자는 좌뇌(이성)와 우뇌(감성)가 통합을 이루는 '전뇌형 연구자'가 되어야 한다. 이는 말처럼 그리 쉬운 일은 아니지만, 연구자는 사물의 본질을 꿰뚫는 과학적 사고(좌뇌)와 풍부한 상상력의 예술적 감각(우뇌)을 가장 효과적으로 활용할 수 있는 사람이어야 한다.

자기 분야에만 매몰되어 한곳에 머물러서는 안 된다. 자신을 둘러싼 주변의 문제, 사회 문제를 해결하기 위해서 연구모델과 전략안을 끊임없이 메모하고 창의적인 안을 구상해 내야 한다. 사회를 주의 깊게 들여다보는 관찰력을 높여야 한다.

연구자는 지칠 줄 모르는 열정으로 연구와 작업에 몰두해야 한다. 실패를 반복하면서도 창의와 상상의 날갯짓을 멈추지 말아야 한다. 연구자는 아는 것에 만족하면 안 된다. 자신이 알고 있는 분석방법론과 모델링방법론을 활용할 수 있어야 한다. 분석하려는 마음만으로는 충분치 않다. 실적으로 말해야 하고 주변에 도움을 줄 수 있어야 한다.

연구자는 인간 노력의 탁월함의 단계인 아레테(arête)를 보여줘야 한다. 자신의 아레테는 누군가 가르쳐주는 것이 아니라, 연구자 스스로 노력하는 가운데 내면에서 서서히 등장하는 것이다. 아레테는 최선을 이루겠다는 결심과 노력의 산물로 학생, 연구자, 교수 스스로가 최선을 다하겠다고 지속적으로 다짐하는 마음에서 생겨난다. 무엇을 이뤄야겠다는 확신, 이를 지속적으로 완성해나가려는 겸손에서 연구의 아레테는 시작된다. 연구자에게 필요한 것은 튼튼한 육체, 그동안 알지 못하던 세계로 진입하기 위해 자신의 부족함을 인정하는 겸허한 자세, 비판적인 사고, 최선을 지향하는 자세 등이다. 탁월한 연구는 연구자의 오랜 사색과 기획, 반성과 준비, 지식과 경험의 축적에서 비롯된다.

전뇌형 연구자

- 좌뇌(이성)와 우뇌(감성)가 통합을 이루는 연구자를 '전뇌형 연구자'라고 부른다.

- 아는 것에 그치지 않고 실행에 옮기며, 자신과 주변에 도움을 줄 수 있도록 끊임없이 노력하는 연구자를 말한다.

연습문제

1 앞에서 다룬 조건부 프로세스 분석 관련 질의응답 이외의 것을 주변 사람들과 토론해보자.

2 전뇌형 연구자가 되기 위한 조건을 서로 토론해보고 연구자 자신은 어떤 상황인지 엄정하게 평가해보자.

3 연구의 탁월성 단계인 아레테로 도약하기 위해서 어떤 노력을 해야 하는지 동료와 토론해보자.

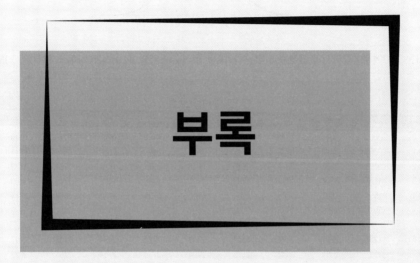

부록

1. 표준정규분포표

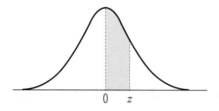

이 표는 Z=0에서 Z값까지의 면적을 나타낸다. 예를 들어 Z=1.25일 때 0~1.25 사이의 면적은 .395이다.

Z	.00	.01	.02	.03	.04	.05	.06	.07	08	.09
0.0	.0000	.0040	.0080	.012	.0160	.0199	.0239	.0279	.0319	.0359
0.1	.0398	.0438	.0478	.0517	.0557	.0596	.0636	.0675	.0714	.0753
0.2	.0793	.0832	.0871	.0910	.0948	.0987	.1026	.1064	.1103	.1141
0.3	.1179	.1217	.1255	.1293	.1331	.1368	.1406	.1443	.1480	.1517
0.4	.1554	.1591	.1628	.1664	.1700	.1736	.1772	.1808	.1844	.1879
0.5	.1915	.1950	.1985	.2019	.2054	.2088	.2123	.2157	.2190	.2224
0.6	.2257	.2291	.2324	.2357	.2389	.2422	.2454	.2486	.2517	.2549
0.7	.2580	.2611	.2642	.2673	.2704	.2734	.2764	.2794	.2823	.2852
0.8	.2881	.2910	.2939	.2967	.2995	.3023	.3051	.3078	.3106	.3133
0.9	.3159	.3186	.3212	.3238	.3264	.3289	.3315	.3340	.3365	.3389
1.0	.3413	.3438	.3461	.3485	.3508	.3531	.3554	.3577	.3599	.3621
1.1	.3643	.3665	.3686	.3708	.3279	.3749	.3770	.3790	.3810	.3830
1.2	.3849	.3869	.3888	.3907	.3925	.3944	.3962	.3980	.3997	.4015
1.3	.4032	.4049	.4066	.4082	.4099	.4115	.4131	.4147	.4162	.4177
1.4	.4192	.4207	.4222	.4236	.4251	.4265	.4279	.4292	.4306	.4319
1.5	.4332	.4345	.4357	.4370	.7382	.4394	.4406	.4418	.4429	.4441
1.6	.4452	.4463	.4474	.4484	.4495	.4505	.4515	.4525	.4535	.4545
1.7	.4554	.4564	.4573	.4582	.4591	.4599	.4608	.4616	.4625	.4633
1.8	.4641	.4649	.4656	.4664	.4671	.4678	.4686	.4693	.4699	.4706
1.9	.4713	.4719	.4726	.4732	.4738	.4744	.4750	.4756	.4761	.4767
2.0	.4772	.4778	.4783	.4788	.4793	.4798	.4803	.4808	.4812	.4817
2.1	.4821	.4826	.4830	.4834	.4838	.4842	.4846	.4850	.4856	.4857
2.2	.4861	.4864	.4868	.4871	.4875	.4878	.4881	.4884	.4887	.4890
2.3	.4893	.4896	.4898	.4901	.4904	.4906	.4909	.4911	.4913	.4916
2.4	.4918	.4920	.4922	.4925	.4927	.4929	.4931	.4932	.4934	.4936
2.5	.4938	.4940	.4941	.4943	.4945	.4946	.4948	.4949	.4951	.4952
2.6	.4953	.4955	.4956	.4957	.4959	.4960	.4961	.4962	.4963	.4964
2.7	.4965	.4966	.4967	.4968	.4969	.4970	.4971	.4972	.4973	.4974
2.8	.4974	.4975	.4976	.4977	.4977	.4978	.4979	.4979	.4980	.4981
2.9	.4981	.4982	.4982	.4983	.4984	.4984	.4985	.4985	.4986	.4986
3.0	.4987	.4987	.4987	.4988	.4988	.4989	.4989	.4989	.4990	.4990

2. t-분포표

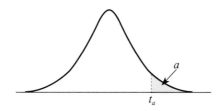

d.f.	$t_{.250}$	$t_{.100}$	$t_{.050}$	$t_{.025}$	$t_{.010}$	$t_{.005}$
1	1.000	3.078	6.314	12.706	31.821	63.657
2	0.816	1.886	2.920	4.303	6.965	9.925
3	0.745	1.638	2.353	3.182	4.541	5.841
4	0.741	1.533	2.132	2.776	3.747	4.604
5	0.727	1.476	2.015	2.571	3.365	4.032
6	0.718	1.440	1.943	2.447	3.143	3.707
7	0.711	1.415	1.895	2.365	2.998	3.499
8	0.706	1.397	1.860	2.306	2.896	3.355
9	0.703	1.383	1.833	2.262	2.821	3.250
10	0.700	1.372	1.812	2.228	2.876	3.169
11	0.697	1.363	1.796	2.201	2.718	3.106
12	0.695	1.356	1.782	2.179	2.681	3.055
13	0.694	1.350	1.771	2.160	2.650	3.012
14	0.692	1.345	1.761	2.145	2.624	2.977
15	0.691	1.341	1.753	2.131	2.602	2.947
16	0.690	1.337	1.746	2.120	2.583	2.921
17	0.689	1.333	1.740	2.110	2.567	2.898
18	0.688	1.330	1.734	2.101	2.552	2.878
19	0.688	1.328	1.729	2.093	2.539	2.861
20	0.687	1.325	1.725	2.086	2.528	2.845
21	0.686	1.323	1.721	2.080	2.518	2.831
22	0.686	1.321	1.717	2.074	2.508	2.819
23	0.685	1.319	1.714	2.069	2.500	2.807
24	0.685	1.318	1.711	2.064	2.492	2.797
25	0.684	1.316	1.708	2.060	2.485	2.787
26	0.684	1.315	1.706	2.056	2.479	2.779
27	0684	1.314	1.703	2.052	2.473	2.771
28	0.683	1.313	1.701	2.048	2.467	2.763
29	0.683	1.311	1.699	2.045	2.464	2.756
30	0.683	1.310	1.697	2.042	2.457	2.750
40	0.681	1.303	1.684	2.021	2.423	2.704
60	0.697	1.296	1.671	2.000	2.390	2.660
120	0.677	1.289	1.658	1.980	2.358	2.617
∞	0.674	1.282	1.645	1.960	2.326	2.576

d.f.	$t_{0.0025}$	$t_{0.001}$	$t_{0.0005}$	$t_{0.00025}$	$t_{0.0001}$	$t_{0.00005}$	$t_{0.000025}$	$t_{0.00001}$
1	127.321	318.309	636.919	1,273.239	3,183.099	6,366.198	12,732.395	31,380.989
2	14.089	22.327	31.598	44.705	70.700	99.950	141.416	223.603
3	7.453	10.214	12.924	16.326	22.204	28.000	35.298	47.928
4	5.598	7.173	8.610	10.306	13.034	15.544	18.522	23.332
5	4.773	5.893	6.869	7.976	9.678	11.178	12.893	15.547
6	4.317	5.208	5.959	6.788	8.025	9.082	10.261	12.032
7	4.029	4.785	5.408	6.082	7.063	7.885	8.782	10.103
8	3.833	4.501	5.041	5.618	6.442	7.120	7.851	8.907
9	3.690	4.297	4.781	5.291	6.010	6.594	7.215	8.102
10	3.581	4.144	4.587	5.049	5.694	6.211	6.757	7.527
11	3.497	4.025	4.437	4.863	5.453	5.921	6.412	7.098
12	3.428	3.930	4.318	4.716	5.263	5.694	6.143	6.756
13	3.372	3.852	4.221	4.597	5.111	5.513	5.928	6.501
14	3.326	3.787	4.140	4.499	4.985	5.363	5.753	6.287
15	3.286	3.733	4.073	4.417	4.880	5.239	5.607	6.109
16	3.252	3.686	4.015	4.346	4.791	5.134	5.484	5.960
17	3.223	3.646	3.965	4.286	4.714	5.044	5.379	5.832
18	3.197	3.610	3.922	4.233	4.648	4.966	5.288	5.722
19	3.174	3.579	3.883	4.187	4.590	4.897	5.209	5.627
20	3.153	3.552	3.850	4.146	4.539	4.837	5.139	5.543
21	3.135	3.527	3.819	4.110	4.493	4.784	5.077	5.469
22	3.119	3.505	3.792	4.077	4.452	4.736	5.022	5.402
23	3.104	3.485	3.768	4.048	4.415	4.693	4.992	5.343
24	3.090	3.467	3.745	4.021	4.382	4.654	4.927	5.290
25	3.078	3.450	3.725	3.997	4.352	4.619	4.887	5.241
26	3.067	3.435	3.707	3.974	4.324	4.587	4.850	5.197
27	3.057	3.421	3.690	3.954	4.299	4.558	4.816	5.157
28	3.047	3.408	3.674	3.935	4.275	4.530	4.784	5.120
29	3.038	3.396	3.659	3.918	4.254	4.506	4.756	5.086
30	3.030	3.385	3.646	3.902	4.234	4.482	4.729	5.054
40	2.971	3.307	3.551	3.788	4.094	4.321	4.544	4.835
60	2.915	3.232	3.460	3.681	3.962	4.169	4.370	4.631
100	2.871	3.174	3.390	3.598	3.862	4.053	4.240	4.478
∞	2.807	3.090	3.291	3.481	3.719	3.891	4.056	4.265

3. χ^2-분포표

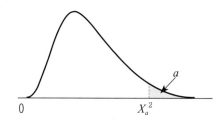

d.f.	$\chi_{0.990}$	$\chi_{0.975}$	$\chi_{0.950}$	$\chi_{0.900}$	$\chi_{0.500}$	$\chi_{0.100}$	$\chi_{0.050}$	$\chi_{0.025}$	$\chi_{0.010}$	$\chi_{0.005}$
1	0.0002	0.0001	0.004	0.02	0.45	2.71	3.84	5.02	6.63	7.88
2	0.02	0.05	0.10	0.21	1.39	4.61	5.99	7.38	9.21	10.60
3	0.11	0.22	0.35	0.58	2.37	6.25	7.81	9.35	11.34	12.84
4	0.30	0.48	0.71	1.06	3.36	7.78	9.49	11.14	13.28	14.86
5	0.55	0.83	1.15	1.61	4.35	9.24	11.07	12.83	15.09	16.75
6	0.87	1.24	1.64	2.20	5.35	10.64	12.59	14.45	16.81	18.55
7	1.24	1.69	2.17	2.83	6.35	12.02	14.07	16.01	18.48	20.28
8	1.65	2.18	2.73	3.49	7.34	13.36	15.51	17.53	20.09	21.95
9	2.09	2.70	3.33	4.17	8.34	14.68	16.92	19.02	21.67	23.59
10	2.56	3.25	3.94	4.87	9.34	15.99	18.31	20.48	23.21	25.19
11	3.05	3.82	4.57	5.58	10.34	17.28	19.68	21.92	24.72	26.76
12	3.57	4.40	5.23	6.30	11.34	18.55	21.03	23.34	26.22	28.30
13	4.11	5.01	5.89	7.04	12.34	19.81	22.36	24.74	27.69	29.82
14	4.66	5.63	6.57	7.79	13.34	21.06	23.68	26.12	29.14	31.32
15	5.23	6.26	7.26	8.55	14.34	22.31	25.00	27.49	30.58	32.80
16	5.81	6.91	7.96	9.31	15.34	23.54	26.30	28.85	32.00	34.27
17	6.41	7.56	8.67	10.09	16.34	24.77	27.59	30.19	33.41	35.72
18	7.01	8.23	9.39	10.86	17.34	25.99	28.87	31.53	34.81	37.16
19	7.63	8.91	10.12	11.65	18.34	27.20	30.14	32.85	36.19	38.58
20	8.26	9.59	10.85	12.44	19.34	28.41	31.14	34.17	37.57	40.00
21	8.90	10.28	11.59	13.24	20.34	29.62	32.67	35.48	38.93	41.40
22	9.54	10.98	12.34	14.04	21.34	30.81	33.92	36.78	40.29	42.80
23	10.20	11.69	13.09	14.85	22.34	32.01	35.17	38.08	41.64	44.18
24	10.86	12.40	13.85	15.66	23.34	33.20	36.74	39.36	42.98	45.56
25	11.52	13.12	14.61	16.47	24.34	34.38	37.92	40.65	44.31	46.93
26	12.20	13.84	15.38	17.29	25.34	35.56	38.89	41.92	45.64	48.29
27	12.83	14.57	16.15	18.11	26.34	36.74	40.11	43.19	46.96	49.64
28	13.56	15.31	16.93	18.94	27.34	37.92	41.34	44.46	48.28	50.99
29	14.26	16.05	17.71	19.77	28.34	39.09	42.56	45.72	49.59	52.34
30	14.95	16.79	18.49	20.60	29.34	40.26	43.77	46.98	50.89	53.67
40	22.16	24.43	26.51	29.05	39.34	51.81	55.76	59.34	63.69	66.77
50	29.71	32.36	34.76	37.69	49.33	63.17	67.50	71.42	76.15	79.49
60	37.48	40.48	43.19	46.46	59.33	74.40	79.08	83.30	88.38	91.95
70	45.44	48.76	51.74	55.33	69.33	85.53	90.53	95.02	100.43	104.21
80	53.54	57.15	60.39	64.28	79.33	96.58	101.88	106.63	112.33	116.32
90	61.75	65.65	69.13	73.29	89.33	107.57	113.15	118.14	124.12	128.30
100	70.06	74.22	77.93	82.36	99.33	118.50	124.34	129.56	135.81	140.17

2장

Efron, B. (1979). The Annals of Statistics. *Institute of Mathematical Statistics*, Vol. 7, No. 1, January, 1–26.

Efron, B. & Tibshirani, R. J. (1993). *An Introduction to the Bootstrap.* New York: Chapman and Hall.

Davison, A. C. & Hinkley, D. V. (1997). *Bootstrap Methods and Their Application.* Cambridge: Cambridge University Press.

허명회(2012). SPSS 오픈하우스 세미나. SPSS Korea 데이타솔루션.

5장

Hayes, A. F. (2018). *Introduction to Mediation, Moderation, and Conditional Process Analysis.* New York: The Guilford Press.

Pollack, J. M., VanEpps, E. M., & Hayes, A. F. (2012). The moderating role of social ties on entrepreneurs' depressed affect and withdrawal intentions in response to economic stress. *Journal of Organizational Behavior*, 33, 789–810.

http://nickmichalak.com/blog_entries/2018/nrg01/nrg01.html

8장

Hayes, A. F. (2018). *Introduction to Mediation, Moderation, and Conditional Process Analysis: A Regression-Based Approach* (2nd ed.). New York: The Guilford Press.

9장

김계수. (2015). R-구조방정식모델링. 한나래아카데미.

Aiken, L. S. & West, S. G. (1991). *Multiple regression: Testing and interpreting interactions.* Newbury Park, London: Sage.

Hayes, A. F. & Preacher, K. J. (2013). *Conditional Process Modeling Using Structural Equation Modeling to Examine Contingent Causal Processes, Structural Equation Modeling: A Second Course* (2nd ed.). North Carolina: Information Age Publishing.

Hayes, A. F. (2015). An index and test of linear moderated mediation. Multivariate Behavioral. *Research*, 50.

Hayes, A. F. (2018). *Introduction to Mediation, Moderation, and Conditional Process Analysis: A Regression-Based Approach* (2nd ed.). New York: The Guilford Press.

Parker, R., Nouri, H. & Hayes, A. F. (2011). Distributive justice, promotion instrumentality, and turnover intentions in public accounting firms. *Behavioral Researchin Accounting*, 23, 169–186.

10장

Hayes, A. F. (2013). *Truth and myths about mean centering. In Author, Introduction to mediation, moderation, and conditional process: A regression-based approach.* New York: The Guilford Press.